U0926383

走出低谷

破局职业瓶颈的底层逻辑

园姐-fightingmom 著

SPM 南方传媒 | 广东经济出版社

·广州·

图书在版编目（CIP）数据

走出低谷，破局职业瓶颈的底层逻辑 / 园姐-fightingmom 著. -- 广州 : 广东经济出版社, 2025.8.
ISBN 978-7-5454-3838-3

Ⅰ. B848.4-49

中国国家版本馆 CIP 数据核字第 2025RJ9701 号

策划编辑：李泽琳
责任编辑：李泽琳　李雨昕
责任校对：赵芳微
责任技编：陆俊帆
封面设计：WONDERLAND Book design 仙境 QQ:344581934

走出低谷，破局职业瓶颈的底层逻辑
ZOUCHU DIGU，POJU ZHIYE PINGJING DE DICENG LUOJI

出 版 人：刘卫平
出版发行：广东经济出版社（广州市水荫路 11 号 11 ～ 12 楼）
印　　刷：广东鹏腾宇文化创新有限公司
（珠海市高新区唐家湾镇科技九路 88 号 10 栋）

开　　本：880 毫米 ×1230 毫米　1/32
印　　张：4
版　　次：2025 年 8 月第 1 版
印　　次：2025 年 8 月第 1 次
书　　号：ISBN 978-7-5454-3838-3
字　　数：88 千字
定　　价：49.00 元

发行电话：（020）87393830
如发现印装质量问题，请与本社联系，本社负责调换

目 录

第 2 章

掌握规律，过清醒且高效的人生

第 3 章

高能心态，人脉不是成事的必要条件

第4章

普通人从负分到满分的自助工具箱

尾　声

四条宝藏心法

引 言

用系统打败脆弱——只要呼吸，风暴不止

2022年8月4日凌晨1点，我被来自枕边人的一记重拳打蒙了，当时睡在我和那个挥拳人中间的，是我不到5个月大的女儿。一拳、一脚、一巴掌，一下、两下、三下……我已经忘了当时的疼痛，能回忆起来的只有女儿的哭声，以及我的愚蠢。

是的，我那33年愚蠢至极的人生：

愚蠢的我与他人比较外貌，导致我只会关注自己身上丑陋的东西；

愚蠢的我与他人比较智商，导致我越来越不知道自己擅长什么；

愚蠢的我与他人比较财富，导致我只在意财富本身而看不到“我本就有致富的能力”；

愚蠢的我与他人比较婚姻，导致我的人生制动系统彻底失灵，搁浅了。

看似忙碌充实的人生，实则一点自我都没有。我从未正视过自

己、关心过自己，更别说取悦自己。

于是，我开始阅读大量关于“我是谁”的书。我先从哲学开始了解，但发现绝大多数的哲学书都是由男性写的，导致我第一次发现，女性的声音在书中就像消失了一样。这愈发让我对“各种环境下的女性处境”产生了浓厚的兴趣。我逐渐领悟到：要真正认识自我，首先得撕去那些由世俗偏见强加在女性身上的标签。随后，我通过阅读有关脑科学、生物学及心理学的书籍，深入了解了女性身体和情绪的运行机制。就这样，我突然感觉到，我好像在重新过我的人生。

我后悔过很多事情，其中，最让我懊悔的是在大学时期未能多去图书馆读书。那时，没有人告诉我阅读是世界上最公平的事物之一，它能缓解人生中大部分的痛苦。如果我能早一点读到某些书籍，即便当时未能完全理解，后来在面对那些企图消耗我生命力的人时，至少也能有效辨别，不至于一再被操控，而无法及时止损和自救。然而，我仍心存感激。在我似乎陷入低谷时，是读书拯救了我。它比我过去的任何朋友都更懂我，它像一位严师，同时又极具耐心，一点一点地解开了我心中的死结。

你们或许知道成长的感觉，但你们是否体验过那种“茁壮成长”的奇妙感受？我33岁之前的生命看似黯淡无光，但一本本好书如同我当年哺育女儿的乳汁，足以让一个生命茁壮成长。这是我能找到的最贴近那种感受的比喻了。

健康的婴儿为何拥有如此强大的吸收消化能力？因为他们的体

内有着完善的营养输送系统。同样地，如果一个人的知识体系也如此完善，知识脉络畅通无阻，那么当新的营养（知识）被输送进来时，他会清晰地感知到：我正在茁壮成长！

而我真正感到庆幸的是，正是经历了生命中的这些坎坷，那些原本堵塞的地方虽然是被暴力击碎的，但自此以后，我看书不再单纯地摄入信息，而是在构建一种有效的“知识系统”。

没有导航的生命，只能依靠本能生活，那是一种认知高度模糊的状态。而一旦有了导航，我们就能作出清晰、精准、高质量的判断与选择。

因此，我真正佩服那些能根据自己的人生目标构建庞大的人生知识系统的人。

什么是人生知识系统

请问大家，人生中最易被浪费的是什么？有人说是时间，但我个人认为，是经验。历史无数次向我们证明，人类是非常不善于吸取教训的，无论是群体还是个体，也无论是他人的教训还是自己的教训。讽刺的是，基因学却表明人类是“趋利避害”的物种，只不过我们“趋”的是短视之利，“避”的是不能即时享乐之害。

翻开一本本“谆谆教诲”的书籍，古有《论语》，近有《传习录》，今有更多启迪人心的著作，我们不难发现，这些书籍都围绕着几个共同的话题：学习、工作、金钱、健康、家庭、生活、自我、人际关系、习惯等，反复阐述着颇为相似的观点。

然而，为什么很多人“听过那么多大道理，却仍然过不好这一生”？答案就在于，他们没有将经验和教训转化为实际的能力，因此总是在过去的错误中反复跌倒，更无法将偶然的成功经验提炼为可复制的方法论。就这样，他们浑浑噩噩、不明不白地走过了这一生。

人生是一种体验，这没有错，但糊涂的体验者和清醒的体验者所看到的世界是截然不同的。前者如同生活在黑客帝国里的“矩阵”中，过着虚拟的生活；而后者则是以高维视角看待芸芸众生，过着“超高清”的生活。即便我们此生无法修炼成为高维物种，至少要意识到自己身处傀儡般的状态，看到牵引我们手脚的线头，然后拼尽全力，挣脱束缚。如何看到这些线头？如何挣脱束缚？这需要我们不断地学习、反思和实践。

我推荐给大家一个九宫格——人生复盘系统。很多人都推荐过这个九宫格，这里，我重新为属于我自己的九宫格填了空（见图1）。我们既可以从左到右来看，也可以从上到下来看。

我们先从上到下来看。你们有没有想过，为什么是这九个呢？因为上面三个是“因”，中间三个是“果”，下面三个是“资产”。正所谓“菩萨畏因、众生畏果”。

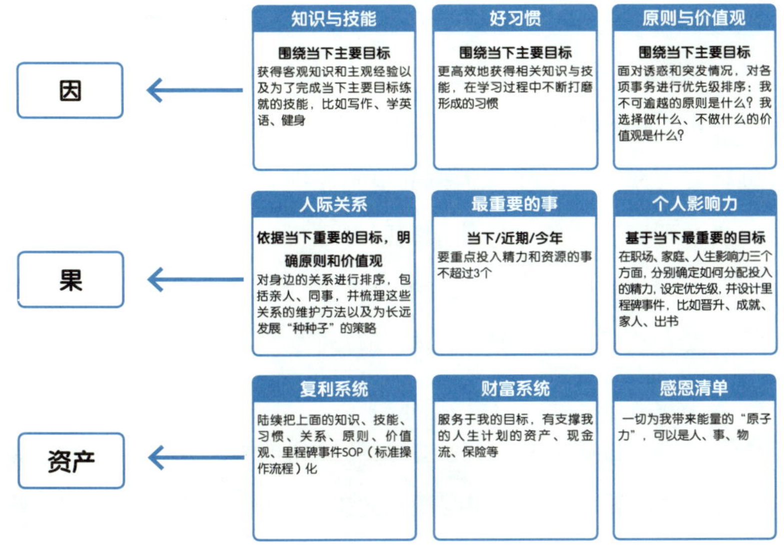

图1　九宫格——人生复盘系统

自上而下，就是我们人生求索的过程。只不过很多人颠倒了顺序，要么认为应该先找到一件自己喜欢的事，然后才能行动，进而成功并赚得财富；要么认为必须先实现财富自由才能去做自己喜欢的事。但历代多少先哲早已告知我们“修身齐家治国平天下”，修身才是最首要的。

怎么修身？学、练、思。学什么？我们从呱呱坠地就一直在不停地学：模仿身边的大人，说话做事；学习书本里的知识，种下“梦想的种子”。练什么？通过反复练习来领悟“读书百遍，其义自见”“无他，唯手熟尔”的道理。思什么？思考如何“工欲善其事，必先利其器”，琢磨做事的诀窍，从而提升效率。

只不过，我们一直都是“学了皮毛，没入门道”罢了。那怎么使用这个复盘工具来入门道呢？

先解决一个问题：最重要的为什么是“果”，而不是“因”，这也是芸芸众生一生痛苦无望的根本原因。一生找不到自己的兴趣，找不到人生的使命，就干脆躺平成为一条咸鱼或者期待“使命”有一天主动找上门来。这个世界上的谎言有很多，其中一条就是“没有热爱的人生是荒芜的”，可是没有人告诉你如何找到热爱。

你们想知道答案吗？这个答案简单到不可思议，那就是多尝试。关键是，尝试到什么程度呢？尝试到“你不再是因为逃避困难而选择放弃”的程度。

很多人把不擅长当作自己不适合做一件事的理由，但真实原因是做这件事太麻烦、太难。比如，和领导沟通太难了，和坏脾气的人相处太难了，又或者“我只是想做好一款产品，为什么还要我和客户沟通啊……”

即便一开始是因为兴趣而做的事情，一旦遇到一些问题，人们就开始怀疑：“可能我也没有很喜欢这件事吧，否则我怎么会这么容易放弃呢？”“没有兴趣”，是多么好的理由，可以轻易地拒绝一个任务，随便地结束一个工作。我们真的还要继续相信“没有兴趣”这个谎言吗？

那么，什么样的人才有资格说“没有兴趣”呢？绝不是那些因为不擅长就轻易放弃的人，而是那些即便知道自己不擅长，也愿意全力以赴去尝试、去努力，直到真正确定自己是否热爱这件事的人。如果他们确实没有强烈的热爱，那么他们会用同样的投入度去尝试另一件事，直到找到那个真正让他们热爱的事物。而这个全力以赴、不断尝试和寻找的过程，其实就是一种修身的过程，它包含了“学、练、思”三个重要的环节。

学到什么程度？参考图1的左上角，即把知识吃透，向身边的高手请教个遍，把自己的脑力利用到极致，同时兼顾好身体，给大脑提供稳定的能量。

练到什么程度？参考图1的上方中间，即让所有成事的行为成为“好习惯”，练到“无须大脑思考，形成肌肉记忆”的程度；杜绝所有败事的“坏习惯”，练到不会因为各种诱惑而轻易重蹈覆辙的程度。

思到什么程度？参考图1的右上角，即什么原则在驱动行为变得更好？什么价值观驱动了好行为？或者是什么塑造了这样的价值观？哪些要坚决捍卫？哪些有可能还需要进一步验证？

什么是原则？什么是价值观？比如我经常践行的“先相信、再验证”就是一条适用于与人相处的原则。在此基础上，我之前提到的三个“因”并未止步。在“学、练、思”的过程中，我们会积累大量的心得，这些心得会逐渐转化为方法。我们需要有意识地从中提炼出认知方法论和思维模型，并将其纳入九宫格左下角的“复利系统”中。这些SOP化的方法论，会反过来促进新一轮的“学、练、思”，进一步提升我们的效率。

在此，我想引用之前看到的一段话：“获取知识的能力比知识本身更为重要。学习的真正目的在于构建更加开放和健康的思维模型，而非单纯获取知识。若仅为获取知识，便会沦为知识的奴隶，陷入表象。认知固然重要，但每一种认知也可能成为障碍。唯有拥有健康开放的心智模型，才能驾驭更多认知，修炼出空性。忘却知识，忘却方法，忘却目标，全然专注于当下，让内心自由流淌，如此方能创造奇迹。人类历史上所有的伟大发明和创造，皆源于此，且这是每个人天生具备的能力。只是世界的本质常常蒙蔽我们的双眼，我们都迷失在红尘俗世中，仿佛每个人都是被封印了的‘神’。若能带着这份觉知生活，终有一日能冲破障碍，显现真我。这便是明心见性，见性成佛。”

在这样的循环过程中，我们会逐渐明确那个“要事”。更准确地说，是逐渐将“要事”清晰化。我体悟到：凡事做到极致都会触及“道”。无论我们手中正在做什么，也无论兴趣与热爱如何，关键在于沉浸式体验。深入钻研，直至通透，进而一通百通。目前，我认为，“借由手中练就的功夫让这个世界变得更好”便是我心中的那件要事。

接下来，“人际关系”（见图1的中间左1）会逐渐转变为服务于你需求的“服务者”，而非你费尽心思想要结交的“人脉”。最终，凭借你塑造的“个人影响力”（见图1中间右1），这些人会自然而然地向你“走”来。

同样地，“财富系统”（见图1的下方中间）也会遵循这一底层逻辑。财富和人都是被价值所吸引，而非强求而来。最终，财富会成为人生系统的重要资产，反过来推动这个人生系统的运转，创造更多的可能性。

最后，我拥有一项特别的“资产”，那就是“感恩清单”（见图1右下角）。

如果上天只允许我保留一种能力，那我会选择感恩的能力；如果只允许我保留一种财富，那我会选择感恩我还能感受这个世界的一切美好：流动的爱与空气。感恩，是上天赐予我们最公平的能力，感恩可以给我们带来无穷的能量。只要心怀感激，就一定会应验那句话：“天生我材必有用，千金散尽还复来”。

过去三年，我经历了巨大的变故，但是我依旧感恩这一切的发生，因为凡所发生皆有利于我。关键是我们要把所有过去的经验和教训转化成能力，不在摔过的坑里重复摔跤，更要将偶然的成功经验提炼为可复制的方法论。

最后，我们再从左到右看这张九宫格（见图2）。左边6个是成事系统，右边3个是心智系统。什么叫成事系统？我的定义是：成事系统是个人与世界相处时，思考如何更有效地向外输出能量的能力。什么叫心智系统？我的定义是：心智系统是个人和自我相处时，管理能量并沉淀内在智慧的能力。

由此我们发现，左边的6个模块都是技能类，右边的3个模块都是内省类。我经常说一个场景：初入职场的我们每天要处理大量重复的甚至是机械性的工作。这时候，你会不会怨天尤人？会不会丧失斗志？前者是我们和这个现实世界交互的方式，后者是我们的内心活动。无论是谁，心智都是通过和现实世界的碰撞而成长的。就跟我们锻炼肌肉一样，我们需要借助器械的阻力，然后不停地重复相同的动作，只有这样，肌肉才能练成。只不过我们要思考的是，如何把动作做得更准确，如何找准发力点，才能确保自己的锻炼有效，甚至比其他人更快获得成果。

同理，我们的工作、生活、财富积累都遵循这两套系统互相配合的逻辑，有的人效率高一点，有的人效率低一点，这取决于个人练习的强度与频次。

图2　把九宫格分为成事系统和心智系统

对于本书的使用建议如下：我更倾向于你将这本书视为一个认知导航工具，不必拘泥于目录顺序逐章阅读。你可以根据当前最迫切的需求，直接跳转到相关章节，汲取其中一个精巧的认知杠杆，或许就能解开你心中的一些困惑。全书共分为五个部分，前三个部分分别对应人生成长过程中的三大系统：思维系统、规律系统以及心理系统。第四部分我称之为“人生至暗时刻的解药”。至于第五部分，我重新阐释了低谷期每个人都会面临的三大难题——痛苦、恐惧与动力，这部分内容或许能让你对低谷的意义有全新的认识。

凡是曾改变我、疗愈我、成就我的，我都将毫无保留地与你分享！

第 1 章

强者思维，
打破躺平和内卷的二元魔咒

给欲望正名：欲望耻感对潜能的抑制

让欲望不断重复出现在眼前，这种暗示的力量是理想照进现实的必要条件。问题是，你敢于直面自己的欲望吗？更准确的问法是，你真的清楚自己的欲望是什么吗？你正在追寻的那些欲望是你自己想要的，还是别人的欲望强加在你身上可你却不自知的？

对于人而言，认识自己是最难的。

我发现，那些最终能找到自我并且将“生而为人”的潜能发挥到极致的人，他们在成长的路上都至少深度剥离了自身的三重欲望，它们分别是世俗欲望、自我欲望和基因欲望。

世俗欲望，是指人类自有文明以来，经过阶级规训形成的、约定俗成的道德观念、人伦五常。

自我欲望，是指人类在成长过程中，想要突破原生家庭证明自己的欲望，以及想要跨越阶层成就自己的欲望。

基因欲望，是指人类在进化过程中形成的“意识与潜意识”，它由本能脑（距今约3.6亿年）、情绪脑（距今约2亿年）、理智脑

（距今约250万年）共同作用而成。大脑包含约860亿个神经细胞，而本能脑与情绪脑拥有近八成，控制着人类的潜意识与生理系统，包括听觉、视觉、触觉、呼吸、心跳、血压等。在信息处理速度上，本能脑与情绪脑每秒可达1100万次，而理智脑每秒只有40次，且运行时耗能更高。理智脑虽然更高级，但相对弱小，我们以为的"思考"，其实是在本能脑与情绪脑的"胁迫"下，对我们的行为和欲望进行合理化。

这三种欲望，都是妨碍人认识自己的桎梏。这是为什么呢？在原始社会，人类面对物资匮乏、不安全的环境，要么逃避，要么对抗，有食物就会及时食用，基本上不会做思考与锻炼身体这种消耗能量的事情，否则可能被野兽捕食或因能量不足而饿死。

所以，在生存压力的影响下，本能脑与情绪脑养成了"目光短浅""及时满足"的天性。

而人类从农业社会至今的1万年间，历经工业社会、信息社会，发展至如今的智能社会。人类不再为食物而发愁，生存环境安全、舒适。但是，1万年对于大脑进化而言只是"一瞬间"，外界的快速变化让大脑难以适应。本能脑与情绪脑（原始大脑）的"急于求成、趋易避难"机制依旧强大，甚至占据主导地位，这就导致我们陷入"明明知道，就是做不到；特别想要，就是得不到"的状态。

因此，想要破局，首先就要砸碎基因"镣铐"——去训练相对弱小的理智脑，让它足够强大，直到能够管理本能脑和情绪脑。我们必须承认，本能脑和情绪脑已经无法让我们适应智能社会了，由本能脑和情绪脑掌控的生活不是我们想要的生活。认识到这一点，才算是正式开启了“认识自我”的大门。

唯有这么做，世俗欲望和自我欲望才能被理智脑辨别出来。

如果说基因欲望是大脑带给你的幻觉，那么，世俗欲望则是这个世界强加给你的一场骗局。例如，在几乎所有文明当中，都会有意无意地宣扬“金钱是万恶之源”的价值观，但只要稍加思考，就能明白，万恶之源其实是人类的贪欲，而非金钱本身。但就是这样一个荒谬的论断，经由人的传播、资本的包装和社会的染色，导致我们大部分人在小时候都认为“谈钱是可耻的，钱是灰色地带的东西”，甚至产生仇富心理。这样扭曲的金钱观也在影响着我们的事业观、择偶观和养老观。于是，许多人一边视金钱为粪土，一边成为房奴、卡奴；一边寻找灵魂伴侣，一边嫌贫爱富；一边在该奋斗的年纪里贪图安逸、放弃远大理想，一边渴望晚年财富自由、过畅意人生。这不矛盾吗？不幸的是，大部分人都是在这种矛盾中走完一生的。

幸好，这个世界上还有愿意传达真相的声音，正如启发并重建了很多人财富观的一本好书——《穷爸爸富爸爸》中富爸爸所说：“如果（你）害怕没钱花，也先不要去找工作，而要先问问自己：一份工作是最终消除这种恐惧的最佳解决办法吗？依我看，答案是‘不是’，从人的一生来看更是如此。工作只是试图用暂时的办法来解决长期的问题。”

要知道，工作占据了大部分人生命的三分之一甚至更多。其中，绝大多数人的这三分之一工作时间决定了他们的全部收入，进而影响着生活的方方面面。但是富爸爸这段话给我们的启发是，工作只是赚取金钱的一种方式，甚至是一种低效的方式。不过，大家不要误会，我并不是要鼓励大家辞职去创业，那是一种危险的行为。我只是想让大家看到这里面更重要的信息，也就是：我们这一生想一直活在没钱花的恐惧中吗？请大家对这个问题给出真实的回答。一旦你的答案是否定的，那么“工作”二字只不过是“副业”“创业”“事业”这类词的一个代名词而已，真正的核心是要将“你为工作”转换为“工作为你”，要将“你为金钱”转换为“金钱为你”，只有自己掌握主导权，恐惧才会从内心消除。原始人进化出恐惧情绪，是因为恐惧可以激活肾上腺素，促使他们去战斗，这是一种被动反应。而人类之所以能进化出理智脑，是为了战胜情绪脑产生的恐惧，从而在更复杂的世界中分辨信息的真伪，不被恐惧支配，这是一种掌控感。

你意识到这一点后，我们就可以来一场痛苦的自我审视了：与面试官谈薪酬的时候是不是你气势最弱的时候？跟领导争取涨薪的时候是不是你最怂的时候？年终自评绩效是不是你最不好意思的时候？这种“羞于谈钱的耻感”让你自动进入一种内耗模式——想要却不敢要。处于这种模式下的人，在原始社会，会被长着獠牙的野兽判断为最易得手的猎物，因为你释放出了“低能量、很好惹”的信号，捕猎者不拿捏你拿捏谁呢？

有些欲望要不得，但有些欲望却是驱动人类社会进步的底层力量，主动创造财富的欲望就是其中一种。为什么？因为这种欲望不仅不可耻，更是能力与智慧的体现。财富本质上是一种资源，资源可转化为工具，而工具则是创造价值的杠杆。人类进化出理智脑是为了创新，而不是为了躺平，若荒废了理智脑这一创造工具，岂不是生而为人的遗憾？

讲到这里，我希望大家重新审视自己的“金钱观”。我们在职场中的大部分情绪内耗，源于对金钱欲望的满足与否。因此，直面自己的金钱欲望，是让能量由负转正的关键之一。

只不过，我们还要进一步厘清金钱欲望与自我欲望的关系。我认为，普通人想要突破原生家庭的桎梏，尤其是跨越阶层取得普世意义上的成功，这无可厚非。但这不是一般人能做到的，能做到这些的人往往能让金钱服务于自我成功的目标。我们还可以从这些人中大致分出两类人：一类是小成者，一类是大成者。基本上，小成者奋斗到拥有房、车，或是拥有一家公司，抑或是构建起一套能实现财富自由运转的体系，便觉得足够了。大成者如乔布斯创造出一种全新的体验，马斯克为全人类创造了一种全新的可能性。当然还有一类人，即完全无我的布道者，如王阳明。以上三类人可以简单归纳为人生境界的不同层次，但我更倾向于将其归纳为人类自我潜能开发的程度差异，而开发的程度取决于“自我认知的深度”——从认识大脑决定的基因欲望，到认识社会环境决定的世俗欲望，最后到认识内在的自我欲望。

我们这一生，要打破很多枷锁。打破的枷锁越多，我们越能断舍离那些自以为需要的东西，如此才能看见真正的自我。断舍离的过程就是强化理智脑的过程，给自己的理智脑留出空间，把注意力、精力、能量专注在真正有价值的地方。

兴趣的迷思：行动力不足的隐性原因

有一个说法是：选择职业，最理想的情况是能凑齐热爱、擅长与机遇。“爱一行干一行”之所以常常被拿出来说，恰恰是因为热爱本身就是小概率事件。但这一个小概率事件却被太多人奉为圭臬，很多人因过度追逐热爱而频繁换职业导致职业生涯动荡不安。

以往找我咨询的人当中，有些是即将步入社会的大学生，也有一些是在某些岗位上实习过的大学生，但大多数大学生会跟我说他们对实习过的岗位没什么兴趣，不知道接下来该投递什么岗位。我问他们：“你的兴趣是什么？”有的说想去某个小众领域做点啥，有的说想写纪实题材的文章，但觉得自己的兴趣根本养不活自己。

我们再来看看如今的中年人，他们当中也有人来找我咨询，无论是被裁员的还是在岗的，大多表示有转行或者换岗的想法。我问他们原因，他们表示现在的岗位没有价值感，不是自己喜欢干的。但他们也很清楚，他们这个年纪重新开始很不现实，跟年轻人去拼体力既拼不过，也觉得丢人。更何况，中年人投简历有哪个单位会要，想要靠内推也没有什么人脉。

如此听来，感觉他们人生的这盘棋已经下成了死局。

真的没救了吗？我来尝试给大家提供一个破题思路。

首先，揭穿21世纪最大的骗局之一——“爱一行干一行”，也就是我们听到最多、貌似最合理的人生建议：如果你想做好一件事，首先要对这件事感兴趣，因为兴趣会激发热情，进而产生持续的动力，即内驱力。这个逻辑听上去合情合理，但在实际践行过程中，往往让大部分人遭受沉重打击。

这个逻辑中有一个关键漏洞，即“我没有兴趣”，这是许多人感觉被这个残酷世界抛弃的第一个理由。尤其是在应试教育的环境下，兴趣对大部分人来说是奢侈品一般的存在。对在这种背景下成长起来的我们来说，兴趣就像一颗没来得及破土而出的种子，连被看见的机会都没有。

不过，即便不是身处这种环境，兴趣被发现也是小概率事件。之所以这么说，是因为我们把好奇心和兴趣混淆了。在我们的童年里最可贵的就是好奇心，我们很容易对一些新鲜事物产生兴趣，但这个阶段的兴趣是很容易被替代的，也就是我们常说的“三分钟热度”——今天喜欢画画，明天喜欢跳舞，后天喜欢滑板车。这就导致家长为孩子盲目报兴趣班，认为这种浅层次的爱好可能发展为真正的兴趣，甚至发展为终身职业，最后钱没少花，却哪个兴趣也没长期坚持下去。

另外，我们还常常因为自认为的兴趣而忽略了自己真正擅长的东西。这是什么意思呢？实际上，擅长的程度和天赋多少有点关系，比如有些人天生乐感很强，但不喜欢音乐而喜欢武术；有些人天生数学很好，但不喜欢学习数学知识，偏偏喜欢看小说，这种情况就很可惜。当然也不排除有些人是因为擅长才产生了兴趣。

但无论哪一种，把兴趣变成能力进而发展为工作或者事业，这中间有一个如天堑一般的鸿沟，叫作“刻意练习”，即当有兴趣这种小概率事件真的发生时，这些人中的 80%会因为忍受不了“日复一日的重复”而放弃，并且冠以一个很丧气但又极有说服力的理由——“我可能真的没有天分吧”“我并不是真的有兴趣吧”。他们宁愿放弃这个兴趣也不承认是自己吃不了将兴趣变成能力的苦。

这也是一部分中年人的尴尬处境——“我好像距离我想成为的那个人越来越远了”“我刚开始明明是因为兴趣从而对这件事满怀热爱，进而选择了这个岗位的，但是入职后发现工作内容跟自己想象的完全不一样。我想要的是创造性的工作，可实际工作内容重复又机械，还要和不同的人打交道，这不是我想做的工作。我打算换一家公司”。换来换去，最后总结成一句：“看来我不应该把兴趣和工作混为一谈，我已经越来越讨厌现在的自己了。”

问题到底出在哪儿呢？有一种可能是我们把“我的兴趣”和“世界的运行规律”割裂了。这是什么意思呢？我们在谈兴趣的时候，说的是“我喜欢什么，这件事带给我愉悦感”，也就是说，只要我自己的感受很好便可以了，我就能沉浸其中，甚至忘记这个世界的存在。

这个世界的运行规律是什么呢？人们因为供需不对等而产生交换，产生货币之后，这种交换就被称作交易。万事互相作用，价值与价值交换，付出后换取价值。你和兴趣的关系同样遵循这个运行规律，你喜欢它，它带给你愉悦感，进而让你更喜欢它。但是，我们并没有让兴趣和这个世界产生价值交换。更准确地说，是我们出于保护兴趣、保持其纯净的目的，自行放弃了这个价值交换的连接点。

我拿写作这个兴趣举一个例子。

小A很喜欢阅读文学作品，进而对写作产生了兴趣，大学选择了中文类专业，毕业后在一家杂志社当编辑。刚开始时，小A干劲十足，但是她很快发现，杂志社要求她写的内容大部分跟文学一点关系都没有。不仅如此，小A曾经向往的那种讨论选题、大家头脑风暴的场景也少有发生，甚至要写很多讨好大众的文字，于是她越来越不喜欢这份工作。日复一日，小A终于萌生了改变现状的想法，决定找一份更符合她兴趣的工作。然而求职结果并不如意，新工作面临的还是那些问题。于是她又换工作，如此往复。到了中年，她发现自己对曾经视作兴趣的写作也没了热情，关键是，她的工作能力也没有得到提升，这份兴趣也没有给她带来可观的收入。

再说一个小B的例子。小B同样喜欢写作，找到了与小A同样的工作，但不同的是，他对工作的包容度很高，会根据读者的需求调整自己的写作风格。多次尝试后，小B的写作速度越来越快，领导很快就注意到他的文字驾驭能力和写作速度。恰逢杂志社转型新媒体，领导于是安排小B去开拓这个领域。他接受了这个任务，在工作过程中他不断尝试新媒体的风格，得到了越来越多读者的反馈，并基于反馈数据不断调整。他随着部门的扩大晋升为部门负责人，也因此有了更大的空间去落实他的想法。

小A和小B的区别是什么？肯定有人说，小A更理想主义，小B更懂得适应现实规则。表面上看确实如此，这也是大部分理想主义者能反思到的最大程度了。但问题是，为什么适应现实规则的小B能获得成功呢？

首先，我们来定义一下成功。普通人的成功=（个人擅长+相邻能力）×社会价值的相关度×坚持。

为什么是个人擅长而不是有兴趣？因为无论有兴趣与否，人只能做自己能做好的事。人选择了擅长但不感兴趣的事最多是感到无聊，但如果选择了有兴趣但不擅长的事就可能演变成悲剧，而那种既擅长又有兴趣的小概率事件暂时不在我们当前讨论的范围内。

相邻能力是什么意思呢？就是类似小B在成长的过程中获得的环境适应力、勇敢突破的能力，以及刻苦修炼把兴趣精进为多面手的能力。

社会价值的相关度指的是人擅长的这件事对社会的贡献有多少，能给多少人带来多大程度的物质价值或精神价值。

你可能会有一个疑问：为什么不能只做自己感兴趣的事呢？为什么必须对社会有价值呢？我前面提到世界运行规律："万事互相作用"，如果你也认同这个规律，那么，至少我们的基本认知是一致的，即规律只能顺应而不能违背。社会价值的相关度越高，则意味着价值回报越大。你的社会价值的相关度越高，付出得越多，回报自然越多。这就是为什么市值越大的公司，它所要解决的社会问题也就越大。

讲到这里，还有一个问题没有回答，那就是价值回报是如何产生的？就像我前文提到的价值交换连接点——你和这个世界交互的行为，比如，小A的理想主义看上去是对兴趣的捍卫，是对自我的坚持，可是她放弃了连接点，只想活在自己的世界里。而小B一直在努力和读者建立连接，进而获得反馈，如此循环，最后，连接点越多，反馈自然也越多。

反馈也是坚持的重要动力之一，大部分人之所以坚持不下来，是因为缺少短期（多巴胺）和长期（内啡肽）的反馈。其实我们看到的某些被幸运眷顾的人，如果你去复盘他们过往的经历，你会发现前面公式中的每一个要素他们都做到了。

本质上，好运是一种概率，只要你和这个世界的连接点建立得足够多，坚持的时间足够长，你擅长的也好，你有兴趣的也罢，终会回馈给你价值。

重塑道德观：不牺牲也能赢

有些同事常常以能者多劳为由将一些不重要的工作甩给你，万一事情没干好大家都怨你，你受了委屈想自辩，对方却说："多大点儿事儿啊，年轻人，吃亏是福。"

你有了新机会去更好的平台发展，因此提出离职，对方却说："公司辛辛苦苦栽培你容易吗？这时候走，你不是忘恩负义吗？"

这么一听，对方的话是不是挑不出来毛病？但总感觉哪里不对劲。如果你遇到这种不对劲的情况，千万不要觉得是自己的问题，不要让自己有那么重的"道德包袱"。

仔细想想，其实我们对道德的理解长期存在偏差。伏尔泰说过："道德只不过是戴着望远镜而看得更远的利己主义。"

在中国，老子的《道德经》是《道经》和《德经》的统称。"道"原本指的是自然界和人类社会的运行规律，"德"最早的意思是"上升""登高"，后来被引申为"在高处观察到的共性"。

这样看来，道德其实是要求我们理解事物的规律与共性，而非仅仅遵循老师、书本乃至社会通过“诚实守信、惩恶扬善、助人为乐、见义勇为”等刻板教条所灌输的道德标准。如果将这种“善恶、好坏”的道德观念带入职场，所谓的“好人”容易沦为任人拿捏的“烂好人”，被贴上“软柿子”的标签。

所以，我在这里要戳破的第一个“世俗欲望”，也是这个世界强加在我们身上的第一个幻觉，叫作“成为一个好人”。

那么，我们需要建立的新目标是什么呢？就是要“成为一个能够洞悉事物本质与规律、判断立场、权衡利弊、理性分析，给出最优解的‘能人’”。只有这样，我们才能彻底摆脱被“道德绑架”的被动局面。最终，我们会发现，那些企图用所谓的道德约束你的人，往往是基于他们自己的立场和利益，通过偷换概念，将“自己想偷懒”包装成 “给年轻人机会”，此乃“己所不欲，强施于人”的行为。

具体怎么做呢？我们来看一个场景：有同事找你帮忙，但你手头上的工作已经忙不过来了。这时，你该如何得体地拒绝？

这种场景常发生在职场新人身上，他们总有一种心理就是不敢得罪公司里的资深员工，害怕一旦拒绝，轻则被边缘化，重则保不住“饭碗”。

在一些“论资排辈”风气很严重的企业中，这确实是一个棘手的问题。然而，我们依旧可以采取一些温和的方式来保护自己，具体做法有以下四步。

第一步，洞悉本质。这件事本身就不在你的职责范围内，对方属于不占理的一方，他的要求本应是“请求”而非“强求”，所以你不用有“道德包袱”。

第二步，判断立场。你是“帮忙或不帮忙”的决定者，他是接受者，主动权在你手上。

第三步，权衡利弊。评估一下手头现有工作的紧急程度，同时判断对方请你帮忙的是否为关键任务，即它是否会影响整体工作进度。

第四步，给出解法。如果你目前手头上的工作忙不过来，同时对方的请求是一个低权重任务，你可以这样回复：“我现在正在处理领导要求的在期限内完成的工作（以领导的需求作为挡箭牌）。如果你需要我紧急协助处理该任务，你可以发邮件向我的领导说明相关情况吗（给他的请求进一步增加阻力）？”

如果你确实有时间，且对方的请求确实是一个高权重的任务，你可以这样回复：“目前我还有其他任务需要处理，不过完成后我会尽快协助你。在此之前，我需要先发邮件向领导汇报，并抄送给你（如果他的请求是真实的，就不会阻止你发邮件；反之，他一听你要正式发邮件，便会知难而退）。”

这两种情况，存在一处细微的不同：前者是你要求对方发邮件，释放出一种“我不好惹”的信号，因为你非常确信对方就是来占你便宜的；后者是你自己发邮件，释放出“这件事我确实是想帮忙的，我也不怕麻烦，但需要按照流程来”的信号，这样既能让对方知道可以找自己帮忙，也能让对方明白自己是有门槛、有原则的。

我们要明白一个道理，不管在什么样的环境中，虚伪的小人无论怎么讨好都会被得罪，而真正的君子也不会因为一次拒绝就被得罪。

只不过，对于职场新人来说，判断一个任务是高权重还是低权重，还是有难度的，而这也是运用上述这些做法的关键所在。这一点没有什么捷径，唯有不断学习、快速成长才是王道。更何况，没有产生结果的预判，毫无意义。

下面，我们再来看一个更敏感的场景——提涨薪。假设你在原岗位工作了三年却一直没涨薪，你终于鼓起勇气小心翼翼地向老板提出涨薪请求，对方却说："我给了你工作机会，你怎么不知道感恩，还让我这么为难啊？"面对这样的提问，我们需要逐步分析以获得解决方法。

第一步，洞悉本质。企业与你之间是"用人方与被用人方"的关系，这决定了当中的底层逻辑是"人岗匹配"。如果你不符合岗位要求，对方也不可能让你入职。所以，不是他给了你工作机会，而是你自己的能力配得上这个岗位。

第二步，判断立场。作为老板，他想要控制成本没有错，但你作为员工，想要获得和自己付出对等的价值回报也合情合理。不过，你们也是利益共同体，你的工作动力强会为他的公司创造更多的价值。

第三步，权衡利弊。老板若想找到一个可以替代你的人，时间和金钱成本是否会很高？过去三年里，你是否有显著的进步并有拿得出手的成果？你是否调研过同等工龄、相同工作内容的岗位在其他公司的待遇？

第四步，提供解决办法。如果对方找到一个可以替代你的人的难度相对较高，自己过去的工作成果都比较让人满意，且自己现有薪资水平确实低于市场平均水平，那么你可以这么回复老板："过去三年，为了不辜负公司对我的栽培，同时也为了不让您失望（间接表明对对方知遇之恩的感谢），我一直以成为公司骨干为目标来要求自己（表明了自己的上升诉求）。我先后经手的项目也获得过不少好评（拿结果说话），但我目前的薪资水平确实低于市场平均水平（拿事实说话）。我希望未来能在您的指导下，继续给公司创造更大的价值（表忠心）。所以，我希望获得您和公司的认可。您看，关于今年涨薪这事您能帮帮我吗（适度示弱，给对方面子）？"

你会发现，一旦我们摆脱道德感的束缚，充满同情心的感性就会被分析利弊的理性所替代，由被动等待他者的安排转变为主动出击、制定策略；由唯唯诺诺的弱者转变为逻辑清晰的强者。注意，我并不是主张大家要没有道德感，毕竟社会需要道德感来约束人们的行为，但是要警惕那些别有用心的他者企图利用你的道德感来要求你做无谓的牺牲。

让你的善良带点锋芒，做个好人的同时要有原则与底线，这是一种自我保护的手段。保护什么？保护你的边界不被侵犯，保护你有限的精力不被挤占。更重要的是，持续提升实力，增加话语权，自己拥有实力便能够提升自己拒绝别人的底气，也能够拉高别人欺负你的成本。

内向的优势：职场中的非言语优势

“让我在饭桌上发个言，我就像嘴上涂了胶水，一句话也说不出来。”

“我是讨好型人格，但凡是群里有人发问求助，我都会第一时间出现。”

“在社交场合，我看到一群人为一个没有意义的话题反复讨论就会觉得厌烦，忍不住把话题的本质说出来。”

“我总是保持表面礼貌，外热内冷，有人自以为我很喜欢他，但其实我早已在心里把他拉黑了。”

你能想象，这几句话都是出自同一人之口吗？这些话都来自一个内向纯度为90%的女生，也是我现在的合伙人——水水。她是那种让我很难忽略的戴着社交面具的内向者。

一开始，水水跟其他内向的人一样，在面对面交流时，你完全感受不到她的生命力。然而，一旦切换到线上私聊或者群聊，你会被她的聊天方式所折服。

有位男生私下跟我说水水的话术堪称教科书级，她能迅速捕捉到每个人的需求，并且能精准地给出反馈。因此，人们和她聊完后会有一种能量满满的感觉。

于是，我很好奇，水水作为一个性格内向的人，可以做到不停地给别人注入能量，那她的能量来自哪里呢？水水说："我是靠深度的一对一社交和安慰别人所带来的成就感来获得能量的。"

因此，我总结了下这类戴着社交面具的内向者的三个社交技巧。

第一个技巧：嘴甜心狠

这个技巧我称之为捍卫自我边界的黄金准则。

简单来说就是"我可以让所有人高兴，前提是不能委屈自己"。这就是水水的行为看上去很矛盾的原因，她既是讨好型人格，又能一针见血地指出问题。这里面其实隐藏着两种王者心态。

第一种王者心态：利他就是利己。

虽然是在帮助别人，但是自己也会有收获，因为在为别人提供建议的时候会锻炼自己的输出能力，同时也会倒逼自己看很多书。用水水的话说就是给别人提建议的时候，她知道自己人微言轻，所以都会引用书中的话来佐证自己的观点，这样一来，观点就会更具说服力。同时，水水能在帮助别人的过程中获得成就感，而成就感是个人底层能量的来源之一。

第二种王者心态：真诚是最深的套路，善良是最高的情商。

水水自述她经常被人劝说别那么轻易地对他人掏心掏肺，但所谓的掏心掏肺的时刻，其实她内心毫无波澜。

在我的知识星球的群里，大家也讨论过这个话题："职场当中确实很难有真朋友，但是不要因为谁辜负了你的真诚，就把自己的真诚收起来，对人真诚是基础，做不成朋友也无所谓。""在老板面前，所有的伪装都是小把戏，还不如真诚相待。"无论何时，"你可以保持真诚，做一个快乐、热情的人。"

大家发现了吗？不因他人的态度和回应而轻易感到失望，是一个人能量守恒的黄金定律。

第二个技巧：强而不霸

许多人即便性格内向，却也怀揣着自己的野心。那么，如何才能让领导和身边的人更好地接纳自己呢？或者说怎么将自己的能力更好地向外展示呢？

自我展示的一个经典场景叫作自我介绍。在这里，我给大家展示一下水水的自我介绍，大家或许能从中得到一些启发。

第一部分，拉近与对方的距离（见图1–1）。

2024年2月26日 13:56

园姐哈喽！我叫水水，1999年出生，是金牛座，MBTI类型是ISFJ。我发现自己和园姐有一些相似之处，这也是我第一次刷到园姐的视频就被迷住的原因。

图1–1　水水的自我介绍1

第二部分，快速展示她引以为傲的人生成就（见图1–2）。

2024年2月26日 13:56

我最引以为傲的两件事，一是从民办本科跨考成功，考上了211院校的硕士，二是成功减重20公斤。

图1–2　水水的自我介绍2

第三部分，展示自己目前的困境，并向对方求助（见图1–3）。

不过，我的硕士导师是“控制型”人格，读研期间，我和导师之间发生了很多不愉快的事，让我的状态也不稳定。基于这样的状态，2023年6月硕士毕业后，我考编制多次碰壁。一方面，我没有当初考研时的状态了，只要感觉没希望取得好结果，就会弃考；另一方面，我的专业受限非常厉害，几乎没有合适的岗位。

经过两个月的暑假生活后，我意识到还是先找工作挣钱为妙。然而，在武汉找工作并不容易（恰在此时，我注意到了园姐）。在园姐B站的评论区里，有小伙伴提到在新东方工作就像带薪提升表达能力一样，这让我深受启发。最终，我加入了学而思，成了一名小学主讲老师，同时还负责一些运营和招生相关的活动。

图1-3　水水的自我介绍3

第四部分，人岗匹配。水水提到自己正在做自媒体，并迅速展示了当前取得的成果，这一点引起了我的兴趣——因为我当时刚好在招聘新媒体相关人才（见图1-4）。

除此之外，我还有一颗做自媒体的心！目前主要在小红书上发笔记，摸索适合自己的赛道。

数据最好的一篇是好物分享笔记，浏览量达5w+，点赞量达200+，收藏量达70+，不过转化数据一般。

另一个比较突出的赛道是分享手工作品，转化率很高，其中70%的浏览者的买单意愿很强，但做手工的时间成本很高，半天只能做一单。

图1-4　水水的自我介绍4

第五部分，让我彻底记住她的是她精准地表达自己做新媒体的优势（见图1-5）。别小看这一点，不是每一个人都能提炼出自身岗位的核心能力——她不仅提炼出来了，还精准地表达出来了。

图1-5　水水的自我介绍5

最后，她表达了自己的决心和野心——搞钱（见图1-6）。

图1-6　水水的自我介绍6

换作是你，会不会记住她呢？水水以真诚为底色，再通过精准的措辞将自身能力完美地展现出来，她在向我求助的同时，还隐含着可以为我提供价值的潜台词。

以上，堪称向上社交中教科书级别的自我介绍。（我并不是说我是“上位”她是“下位”，而是想说在结交自己向往的人时，这确实是非常有说服力的表达方式）

很多人的自我介绍都是一上来就直接说希望我帮他做什么，之后便没有下文了。

第三个技巧：允许自己有瑕疵

很多人，尤其是内向的人更容易陷入内耗，但像水水这样戴着社交面具的内向者为什么能做到不内耗呢？因为他们允许自己有瑕疵。我把这理解为前文所述两个技巧的延伸，本质上就是他们做到了无条件的自我接纳。因为他们知道，每个人都有不完美的地方，而这种不完美正是人性的一部分。通过接受自己的不完美，他们能够更真实地与他人建立联系，而不是活在他人期待的完美形象中。

第 2 章

掌握规律，过清醒且高效的人生

身体定律：大脑是大脑，你是你

本节内容多少有点难读，但正因为我在低谷阶段懂得了大脑工作的原理，才越来越容易走出情绪的怪圈，一次简单的运动就可以让我的轻度抑郁状态得到改善。所以，重新认识一下你的大脑吧！

大脑可塑性源于神经科学家托斯登·威塞尔和大卫·休伯尔的开创性研究。他们的研究显示，在婴儿发育的早期阶段，如果一只眼睛失去正常的视觉刺激，大脑视觉皮质与这只眼睛的功能性连接将会消失，而与另一只正常眼睛的连接将继续强化。

这些研究结果极具说服力，证实了早期的大脑联系不是先天固定的，而是可以随着个人经历而发生改变的，这一现象表明大脑具有可塑性。

成千上万的研究都表明，人体中大脑的各个部位存在着广泛多样的神经元变化，幼年、成年、老年个体都不例外。因此，到20世纪末，人们对大脑的观念已经从“天生如此”，转变为“大脑是永远在变化的”。

然而，2018年，在《自然》期刊上发表的论文的研究结果又显示：在早期发育之后，神经元的产生数量急剧下降，到成年时几乎停滞。这个结论多少有点让人失望，但目前整体的研究结果让我们相信，成人的大脑通过强化锻炼和环境的刺激，能恢复部分由于大脑损伤而失去的功能，也就是说成人的大脑依旧具有一定程度的可塑性。

在第1章第1节中，我曾提到人类先后进化出本能脑、情绪脑和理智脑的时间节点，而这几个大脑分区对应着动物演化的后几个阶段。

比如，最先进化出的本能脑是低等爬行动物的爬行脑，其代表是我们的脑干及脊髓；然后是情绪脑，其代表是在脑干及边缘系统基础上发展而来的、具有哺乳动物特征的哺乳脑；最后是理智脑，其代表就是人类独有的前额叶皮层。

因此，有一种说法是，前额叶是使人类成为“宇宙的精华，万物的灵长”的根本。你是什么性格的人，就是由你的额头及头顶前部区域所对应的脑区，即前额叶的发育程度决定的。前额叶每天负责与情绪脑的边缘系统打持久战。人类的高端思维主要从这里产生，包括推理、谋略以及理性决策等。

但是，前额叶的多项功能发育却非常缓慢。前额叶在幼儿期经历初步发育后，直到青春期才进入爆发式发育。这就解释了为什么青春期孩子容易出现诸多问题，其实是前额叶在发育但又未成熟的缘故。少男少女的躁动不安、情绪化、叛逆的行为，都是因为前额叶的调控功能还没有完全建立起来。

另外，前额叶的不断发展与思辨能力的提高有一定关系。怀疑能力正是随着前额叶的发展而增强，随着其衰退而减弱的。为什么小孩子和老人更容易受骗？从认知神经科学的角度来看，这和前额叶的生长发育规律有关。好消息是，前额叶是所有脑区中受基因控制最少的，这意味着一个人的前额叶皮质主要由他的经历塑造。

我们都知道，杏仁核是情绪脑的核心区域之一。杏仁核与人类的恐惧、愤怒、兴奋等情绪，以及战斗、逃跑等反应有关。人在产生恐惧等强烈情绪的时候，杏仁核会抑制前额叶的思考能力，只留下本能发挥作用。当恐惧达到一定程度时，这种情绪可以导致一个聪明人做出缺乏理性判断的行为。在巨大的压力（尤其是恐惧）面前，即使知识水平再高，文化素养再深，也没有任何意义。

而前额叶可以起到抑制应激反应的作用。在应激过程中，前额叶在保护你免受过度情绪反应的侵袭和控制非理性行为方面都发挥着核心作用。

想象你正在游乐园参加刺激的过山车游戏。当过山车开始下坡时，你感受到向下的加速度，身体被紧紧地压在座椅上。突然间，你的大脑闪现出“天啊，我们要掉出轨道了”的念头。这便是杏仁核迅速将你的身体调至红色警戒状态的结果，以此准备应对可能的危险——你可能会感到焦虑、恐惧或者兴奋。

然而，前额叶通过逻辑和积极的自我对话来平息这些情绪：“这是设计好的过山车，它经过了严格的安全检查、测试。游乐园的工作人员会确保我们的安全，并且过山车已经运行很久了，没有发生过严重事故。我可以相信它的设计与运行的安全性。”

杏仁核和前额叶之间持续地拔河，而这个拔河的过程可能因人而异。

一些人之所以比别人更容易焦虑，很可能是因为他们的杏仁核会在平安无事时发出恐惧信号，而前额叶无法阻止和抑制这种信号。因此，这些人往往会看到各处潜在的危险和灾难，并沉浸在无尽的压力和不祥的预感中。

事实上，容易焦虑的人，前额叶的部分通常比较小。很多人都不想承认，因为这听起来像是对易焦虑者的一种歧视。压力持续的时间越长，大脑的消耗就越大，前额叶对情绪的调节功能就越糟糕。那些长期受压力困扰的人最需要前额叶，然而他们的前额叶却无法以最佳状态来工作。

举个例子，某天上午，小C感到紧张，因为他即将参加一场重要的面试，所以他的大脑促使肾上腺分泌了一种叫作肾上腺素的激素，其通过促进糖原分解、提高心率等方式，为身体快速提供能量，以应对紧急状态，做好战斗或逃跑的准备。

肾上腺素使心跳加快，呼吸变快、变浅，血氧含量提高，这样我们的四肢才有充足的能量来打架或逃跑。但是，这样一来，大脑中最聪明的区域，例如前额叶皮层，就得不到足够的能量了，而前额叶皮层对于维持理性、同理心和创造性至关重要。

无疑，这种能量分配的改变会影响我们在紧张与高压状态下的表现。我们可能在回答问题时感到困难，思维变得不够清晰，甚至无法充分发挥我们的潜力。

因此，压力对我们的影响弊大于利，尤其是长期的慢性压力。免疫系统功能下降使我们更容易被病毒感染，消化系统也会出现问题。大脑可塑性降低会导致学习功能和认知功能受损。实际上，持续的压力甚至可以改变现有脑细胞的形态。慢性压力会减少前额叶皮层神经元的分支，使神经元难以建立联系，从而损害认知功能。与此同时，杏仁核神经元的分支变得更加密集，使我们能够更快地对危险作出反应，但也可能引发消极的思维模式。当我们的安全受到威胁时，杏仁核会更强烈地抑制前额叶皮层的功能。每当杏仁核发出警报而前额叶无法维持平衡时，我们就会对微不足道的事情过度反应，如“我今天早上跟那个同事打招呼时，他回答得很冷淡。也许是因为他不喜欢我。我一定是做错了什么”。如果这时候前额叶能正常介入，我们就可能更客观地评估这种情况：“他今天可能心情不好，但谁没有心情不好的时候呢？也许他只是昨天晚上没睡好而已。”当前额叶变得更活跃时，我们似乎会变得更加平静，压力也会更小，并且更容易调节杏仁核产生的焦虑。

换句话说，如果你想减轻压力，那么增强前额叶（在大脑中负责“思考”的部分）的功能是至关重要的，而简单的运动就能增强前额叶的功能。当你锻炼时，前额叶是大脑中获益最多的区域之一。当你运动时，大脑的供血量会增加，前额叶获得了更多的血液供应，工作起来也会更加高效。经过一段时间的规律锻炼，前额叶会产生新的血管，改善血液和氧气的供应，同时清除更多的代谢废物。规律的体育活动会让前额叶和杏仁核之间建立起更紧密的神经连接，从而使前额叶更有效地控制杏仁核。

不仅如此，坚持规律锻炼还会使前额叶出现长期的生长趋势。研究人员让健康的成年人坚持每天散步一小时，其间定时测量前额叶的大小。结果表明，大脑最外层，即前额叶在这段时间内获得了增长。简单地散散步，我们的前额叶就变大了！

另外，还有一个方法可以用来应急，那就是右手持续用力地挤压压力球45秒，同时将注意力集中在右手，就能有效地刺激左脑额叶。活跃的左脑额叶会让人变得更大胆、更敢于直面问题。

很多人听说过“要么使用，要么失去”这句话。这指的就是那些大脑当中经常被使用的神经通路会得到加强，进而形成更多的神经连接，而那些没有被使用的神经通路则会被削弱。这启示我们：越有意识地锻炼我们的理智脑，我们就越能有效调节压力，越能在负面情绪占上风之前进行疏导，避免负面情绪过度消耗我们的能量。

自律定律：给自己一个全新的身份

自律对于少部分人来说，就跟吃饭一样，是习惯，是本能，是刻在骨子里的“下意识”。而对于大部分人来说，自律就像月球的背面，只有想象的样子，却从未窥见过它的真实面貌。我曾经以为自己绝对成不了前者。在我旧有的认知里，那种人对自己太过严苛，我想不明白，人活一生为什么非要对自己那么苛刻呢？直到我初步接触到自律的本来面目。

2019年，我30岁，我用半年时间成功减掉了陪伴我十年的40斤赘肉。那段时间，我几乎每天去健身房打卡，还发朋友圈分享我的进展，吃难吃的健身餐。

我减肥是有什么特殊的理由吗？身边的同事都好奇我减肥的原因，“你失恋了？还是受到什么打击了？为啥突然想不开了？”其实都不是。我只是回想了一下30岁之前的职业生涯，自己好像从未真正地做成过一件事，从未体验过那种把一件事坚持做到底的感受。于是，我想试试自己能否不半途而废地做好一件事，哪怕就一件。最终，我选择从自己的身体开始改变。而这次减肥，我的重点不是减去身体的重量，而是“坚持到底”。

很多人减肥失败，是因为他们的驱动力从一开始就选错了。如果减肥只是为了更瘦、更漂亮、穿更好看的衣服，那很容易就会放弃。这是为什么呢？因为这些需求很容易被人类更原始的本能需求所取代，比如吃高热量食物、睡觉、娱乐。

但是，前文已讲过人类的本能脑已经不能适应现在的智能社会了。我们的身体不需要储存那么多热量来抵御饥寒，也不需要维持低能耗的状态来预防突发的环境危机。现在我们面对的显然不是恶劣的自然环境，而是复杂的社会环境。前者需要调用的是生理本能，后者需要调用的是理智脑。如果我们错误地将本能脑的需求视为真实需求，那么我们很容易就沦为本能的奴隶。

那么，我们的真实需求到底是什么呢？这取决于我们对自己身份的认知。《掌控习惯》这本书指出了一个问题：我们犯的第一个错误，是选错了我们试图改变的事情。

我用自己的理解来给大家解释这句话。例如，我作为一个博主，每一条视频都需要提前写稿。倘若，我想同大家分享《掌控习惯》这本书，就需要提前写稿。我写稿是因为我想要把图书内容的逻辑脉络梳理得更清晰，而梳理清晰是为了证明自己在阅读的过程中理解了这本书。那我为什么要这么准备视频呢？因为我想成为一个有影响力的人，既可以启发大家，也可以让我从中得到满足感和成就感。如果我的目标只是学习这本书的知识，那么我大概率会止步于看完、摘录、记笔记这几个步骤。但我的目标是要做一个有影响力的博主，因此，我就要再增加几个步骤：深入思考、组织文本逻辑，将其转化为口语化语言、制作视频并发布。这几个步骤是基于我的博主身份而追加的。同样，我对这本书的反复阅读、信息拆解和重组都是基于我的博主身份而增加的。

我曾建议粉丝："若想提高表达力，至少每天要写800字的小作文"。但很多粉丝反馈"做不到，太难了"。然而，以博主身份而言，我每天平均都要写超过一万字的作文。

《掌控习惯》总结了一种有效自律的方法。首先，明确你想成为什么样的人。问问自己，你想代表什么？你的原则和价值观是什么？这些问题看似宏观，许多人不知道从何说起，但他们知道自己想要的结果：练出六块腹肌、不再感到焦虑、薪水翻倍。那么，就以此为开端，逆向推理：自己需具备什么特质才能得到这些结果。

我第一次减肥成功，就是从思考这些问题开始的。我想，什么样的人能天天去健身房，把自己的身体线条塑造得那么好？为什么我的前领导能天天在Keep上打卡，而我却从未长久地坚持一件事情？我也想成为一个能坚持的人。于是，我就从减肥这件事开始。2019年，我只做一件事，那就是减重40斤，我的饮食、睡眠和运动都围绕着这个目标去执行。最后，我用了半年时间就达到了减重40斤的目标。而这一次的成功，给我带来的长期影响远远超出我的预期，我收获了以下三点。

1. 一个健康的身体。

2. 长期运动的习惯。

3. 一套长期坚持做一件事的方法和心态。

内在激励的终极形式是将习惯与你的身份融为一体。“我想要成为那样的人”是一回事，“我本身就是这样的人”则是另外一回事。实际上，养成习惯的过程，就是塑造自己的过程。

人性定律：本能无法被战胜，只能被管理

佛教中有一个概念叫五蕴：认为众生都是由五蕴（色、受、想、行、识）组成的，而人们往往错误地将这五蕴认同为自我，从而产生执念。我并不是要跟大家宣传佛教，而是佛教将人的五类本能划分得相对完整，我借用这个框架来诠释我对人性的理解。

我们先看下五蕴着相的具体分类：

1. 色蕴：指的是物质或形体，包括我们的身体和外部的物质世界。

人们对物质身体的执念：认为身体是“我”，忽视了身体的无常和不断变化的本质。

2. 受蕴：指的是感受，包括快乐、痛苦和中性的感受。

人们对感受的执念：对快乐或痛苦的感受产生依赖，追求极致的感受。

3. 想蕴：指的是思维和概念，即我们对事物的认知和理解。

人们对思维和概念的执念：坚持自己的观念和看法，难以接受不同的观点。

4. 行蕴：指的是行为或习性，包括意志行为和心理习性。

人们对行为和习性的执念：形成固定的行为模式，难以改变。

5. 识蕴：指的是感官意识，包括眼识、耳识、鼻识、舌识、身识、意识六种感官意识。

人们对意识的执念：认为意识是自我的一部分，忽视了意识的流动性。

明白了人类的五类本能，我们能和自己的本能反着干吗？我们看到美好的相貌能不心动吗？看到美食能不垂涎三尺吗？看剧或玩游戏时，能不感到快乐吗？

如果你的答案是能，那么无非有两种可能。第一，你对自己的本能知之甚少。第二，你是高手，不过大概率是你还没有经历过“人性的高难度挑战”。

还记得我们的本能脑和情绪脑有多强大吗？弱小的理智脑绝不是它们的对手。

让我们想象一下，在一个庞大的机构里，为什么掌权的少数人可以“操控”绝大多数打工人。即便体格强大如施瓦辛格，以一当十或许还可以，但以一敌百则绝无可能。所以，显然“操控”大部分人的少数人，其强大的力量不是源自身体，而是因为他们掌控了绝大多数人的“弱点”——他们通过管理多数人的弱点来实现自己的野心。

经济学家可能将这种现象叫作“价值交换”，但实际上，对作为个体的打工人来说，这种工作毫无价值。然而，单个螺丝钉难以发挥作用，众多螺丝钉相互连接形成系统时，才产生了真正的价值。这个系统就是机构、企业和组织。作为螺丝钉的你，是否有机会看到组织的全貌？当然有，只不过你要按照掌权者的规则来，一步一步地晋升，并且在这个过程中，你可能会逐渐失去自我。

好，到此，如果把成千上万的打工人比作本能脑，把掌权人比作理智脑，当你重新审视本能时，你会得出什么结论呢？

结论就是：本能无法被战胜，只能被管理。如何管理呢？找到本能脑的弱点，用更强大的欲望管理相对弱小的欲望。

贪图美色是弱小的欲望，痛失自己的政治羽毛是更强大的恐惧；冲动购物是弱小的欲望，没钱花导致自己还得伸手找父母要是更强大的羞耻；熬夜追剧是弱小的欲望，第二天需要精力充沛地搞定大客户是更强大的野心。

曾有人咨询过我一个问题：“我不爱和同事聊工作之外的事情，有些人却能和任何一个人都聊得来，我感觉自己进入不了这个圈子，这导致我对很多业务信息总是后知后觉，怎么办？”

我回复他：“这是欲望不够强烈。如果你足够渴望成功，足够渴望拿到核心信息，就什么问题都能克服。你既要浅尝辄止的关系，又要舒舒服服地赚钱，还要轻松进入核心圈层，只想着平衡，却从不想取舍，这世界上哪有这样的好事？”

就比如此时在写这本书稿的我，正在和自己的“躺平本能”做斗争。现在时间是上午6点03分，我为什么能早起？是因为我足够自律吗？是因为我本来就很自律吗？当然不是，是因为我还有半个月就要把这本书稿交给出版社了。这个时间是谁定的？是我自己向出版社承诺的。

我们每天都在与本能做斗争：对美色的欲望、对美食的渴望、对娱乐的追求、对他人的成功和地位的嫉妒。我们的理智脑与本能脑之间的斗争是永恒的。理智脑虽然弱小，但却是我们管理本能的关键。它需要智慧和策略，而不是简单的意志力。

承认本能无法完全被战胜，这才是理性的。我们的目的是管理本能，而不是消除它。我们越了解本能的弱点，就越能找到更强大的欲望来管理它。识别和强化更高层次的欲望，最终使其服务于我们更高的目标。

关系定律：穷在闹市无人问，富在深山有远亲

《简·爱》一书中有这样一句话："被命运所抛弃的人，总是被她的朋友们遗忘！"这是我的父母常常用来劝诫我的一句话。语言虽直白，但道理深刻。这句话将人性的弱点体现得淋漓尽致。

2024年初，我回北京办点事，但不知道用"回"和"去"哪个字更合适。这是很奇怪的一种感觉。在北京的十年里，这座城市让我又爱又恨。

远离北京那些熟悉又陌生的人脉与关系后，如今的我有什么感受？是因自己不再驰骋职场，没有了职场精英的光环，回到四、五线小城市而感觉落差很大，还是会感觉到畅快自由？

其实都没有。我最大的感受是，获得了前所未有的专注力。

在北京的十年里，我和那些熟悉的"陌生人"的相处，很像小时候家长常说的"要多和班级里学习好的同学交朋友"。这话让我的学生生涯陷入了两难境地。我不是那种拔尖的学生，所以那些所谓的好学生也不会真心对我。在他们眼里，我似乎就是一个巴结他们的小跟班儿。他们今天开心了，就会叫上我一起放学回家；不乐意了，就把我晾在一边。我的精力都放在了怎么讨好他们身上，所以我也错过了一些真正的朋友。可以说，我的学生生涯就是一部大型讨好型人格养成史。

养成讨好型人格后，真的就很难改变了。我在北京前五年的经历，几乎就是我上学期间的“升级版”。那时候的我，一心只想结交比自己厉害的人。但是，当时二十几岁的我，本质上是一个非常易怒且敏感的人，我并不想谄媚于上，但也确实非常慕强，这种矛盾的心理让我十分苦恼，甚至自我鄙视，可我又控制不了自己。

一直以来，我认为结交到比我厉害的人是一种自我价值的彰显，于是一直在寻求这类人的肯定和认同。这样的心态导致我积压了大量愤怒、自卑和傲慢交织的复杂情绪，却又无处宣泄。这种拧巴的状态最终以一场失控的职场冲突而终结，随后我被边缘化了一年多的时间。

然而，这场职场上的挫败并没有让我对结交比自己厉害的人这件事彻底祛魅，长期养成的讨好型人格不可能这么快就得到改变。

那时的我仍然是个不懂得吸取教训的人，别人用三年甚至更短的时间，或者经历一次教训就能懂得的道理，我却要花费成倍的时间，历经多次碰壁才能彻底领悟并改变自己。

可笑的是，命运并没有放弃对我的考验，又给我安排了一个巨大且不可逆的打击——我的婚姻。

因为慕强和虚荣，我在择偶时只看外在，却忽视了人格的重要性。结局就是我的事业和人生彻底停摆，生命仿佛一下子陷入了流沙，挣扎到最后，就只想任其快点将我淹没。

其实，我就是个再普通不过的人，甚至曾经有过卑劣的想法，也有过很多阴暗的丑恶念头。我怨恨过自己的原生家庭，也怨恨过这个社会的阶层固化，对自己更是有着无法言说的厌恶和嫌弃。但是，你们知道吗？拯救我的，恰恰是那些曾经伤我最深的人和事。

是我曾经怨恨过的父母，在我生命的至暗时刻为我兜底。在我惨淡的人生中，他们陪我打官司，替我排忧解难，帮我照顾孩子，全力支持我现在的事业。

那段噩梦般的婚姻虽让我的生活支离破碎，但也正是这段经历，迫使我重新审视自己过去对“关系”“财富”“人性”的浅薄认知。

在我因为慕强而失去自我、内耗严重的二十年人生里，正是那种想要成为“发光职场人”的欲望，让我通过不断模仿身边的高手，练就了一身过硬的基本功。

“过去凡所发生皆有利于我”，我对此深信不疑。我乐意将过去助我成长的“一切推力或阻力”转化成“表达力”，以一种可感知的能量与这个世界的朋友产生“连接”。

在远离北京的这两年里，我关掉了朋友圈，卸掉了所有牵扯我注意力的软件。渐渐地，经常问候的关系变成了偶尔问候，因为没有了利益关联和交集，有些人再也没有联系过我，剩下的只是逢年过节的群发消息。

当然，我也建立了一些新的关系，新的消息不断传来。在做博主的这段时间里，我把过去的教训和经验分享出来，收获了大量粉丝和一些人的温暖与善意。同时，我结识了很多优秀的博主，还受邀录课，被邀请出书，有人为我拍摄纪录片，等等，这些都是好事，甚至是我前十年梦寐以求的事。

但是，为什么那时候的我没能做到，现在却可以做到呢？这就是我接下来第3章要和大家分享的内容。

自此，我彻底完成了与过去和解。

第 3 章

高能心态，
人脉不是成事的必要条件

高手的人脉观：人脉不是能帮到你的人

高手的人脉观会彻底提升你的贵人运，加速你的个人成长，并为你的职业生涯赋能。这个观念的核心在于“人脉不是能帮到你的人，而是你能帮到的人”。

但是，讲到这里，估计很多人会有疑问：如果我是一个职场新人，应当怎么帮助别人呢？如果我没有任何影响力，谁会需要我的帮助呢？我就是一个平平无奇的普通人，没有什么能力，我凭什么帮助别人呢？

没错，这些想法都是合乎情理的，但这些想法都有一个错误的假设，那就是认为只有强者才有资格提供帮助。大家普遍认为帮助是一种高能力者赋能低能力者的行为，是强势资源对弱势资源的加持，是富有者对贫穷者的接济。然而，这些观念限制了我们对帮助的理解以及对人脉潜力的认识。

的确，人与人之间建立联系基本都是先从价值互换开始的。这种价值既可以是经济价值、资源价值，也可以是情绪价值。但是，我们往往忽略了价值互换的一个重要前提，那就是你的价值首先要被有需要的人看见，也就是你需要主动释放价值信号。

当下“网红”盛行，很多有才华的人都主动利用自媒体平台成为“网红”。但实际上，这些“网红”早已打破以往网红的定义，他们只是借助自媒体平台来放大自己的影响力，展示自己的技能，从而让更多的人看到自己。在找我咨询的小伙伴当中，就有通过自媒体平台来展示项目成果后被用人单位聘用的，也有通过自媒体平台找到合适的团队的。这些都是通过主动释放自我价值信号来赢得更多机会的典型案例。

因此，传统的人脉观讲的是一种被动等待伯乐出现的逻辑，而我讲的人脉观则是一种鼓励大家主动去寻找伯乐的逻辑。

在职场中，即使是新人，也有很多种方式可以主动展示自己的价值，去帮助他人。

1. 主动分享。如果你是一名刚入职的分析师，可以主动组织内部知识分享会，讲解最新的市场趋势和分析工具。这些分享不仅会吸引公司内部的同事（包括高层管理者），还能树立自己的专业形象，并建立与多个部门的联系。

2. 主动担责。在项目中，你可以主动承担一些任务，从而减轻团队的压力。我曾辅导过一个实习生，他通过主动承担额外的数据分析任务，帮助团队解决了一个棘手的问题。他的努力得到了团队领导的肯定。不久后，他不仅获得了转正的机会，还凭借这次表现被推荐到了其他部门，进一步拓展了自己的职业人脉。

3. 建立信任。通过诚实可靠的行为，你可以在同事中建立起良好的声誉。这种信任关系是无形的资产，在未来的合作中，会为你带来意想不到的帮助。

我曾被公司边缘化了一年多。在这期间，我坚持写周报，这一行为不仅沉淀了我的思考能力，还锻炼了我精准表达的能力。更重要的是，这种持续的成果交付被高层领导和兄弟部门同事注意到。最终，我得以重回核心业务部门。

通过积极展现自己的价值，每个人都能够在人脉网络中找到自己的位置。这种价值可以体现为专业知识、团队协作能力，甚至是乐观的态度和良好的沟通技巧。关键在于，我们必须主动出击，让别人看到我们的价值，进而建立起互惠互利的关系。

最后，送给大家一个小贴士：我们应当学会接受他人的帮助。很多内向的人常常担心自己会给别人添麻烦。实际上，人与人的连接往往始于解决麻烦。今天你帮了我，明天我记着还你这个人情，一来二去，就变成了熟人。这样，我们便能在人脉网络中形成一个正向循环，实现共同成长和进步。记住，人脉的价值在于连接，而连接的起点正是我们每个人的价值。

高手的交友观：用“极致透明”来筛选

讲一个我初入职场、“自我意识”特别强烈时期所经历的尴尬事件。

有一次，我和一位级别很高的异性领导出差，这是我们第一次有交集，而且还是在一个尴尬的场合。期间，我们不得不面对面坐下来一起等人。在这个过程中，总得聊点什么，他突然聊到他家里孩子的教育问题，状态很轻松。

我当时的第一反应是：这是我能听的内容吗？接着，我一直在想他跟我说这些到底是什么意思。想象了各种可能性。直到有一天，我从其他同事嘴里听到了同样的故事，才为自己当时的想法感到无比羞愧！

后来，我发现这个领导的风格就是这样——非常开放地聊各种话题。听得多了就会发现，他是在通过“透明化自己”来传递自己所坚持的“价值观”，从而让身边的人快速了解他做人做事的标准与风格。不是他去配合别人，而是让身边的人来适应他。

那一刻我悟了，悟到了一种高手的“管理风格”：与其花时间解释“我是什么样的人”“我需要我的团队成员是什么样的人”，不如就做自己， 不用包装，不用掩饰。这样，喜欢你风格的人自然会留下，不喜欢的自然会离开。对于想筛选志同道合的队友的人来说，这是一种非常高效的方式。

我们一定也遇到过这样的朋友，他们没什么包袱，也不会刻意迎合谁，想说什么就说什么，当然也会把握分寸，不越界。他们总是能轻松地融入团体，但从来不会为了讨好谁而去刻意做什么事情。他们很开放地分享自己的生活，也会说明自己的原则，但从来不会去要求身边的人包容或理解自己。他们活得很舒服，同时，他们身边的人也都感到很舒服。

这样的人有一种通透感。这种通透本质上与成就大小无关。首先，这是一种自我接纳，即接受现在的自己，无论好坏都心中有数，无须拧巴着拼命自证。也可以把这种通透的人理解成拥有“被讨厌的勇气”的人，即他们只需要做好自己的事，别人的评判是别人的课题。

另外，通透的人明白，靠装出来的人设是换不来持久关系的，无论是对伴侣、朋友、同事、领导，还是对下属，皆是如此。

因此，高手的交友观就是一种不内耗的交友观。本质上，交朋友就是一种基于“我是谁，我就吸引谁”的轻松筛选，并非“我明明不想这样，却为了融入而迎合”的沉重负担。

这也是我做博主的底层心态之一。我非常清楚，关注我的人会因为我的某个观点符合他的价值观而关注我，也会因为我的某个观点不符合他的价值观而取消关注。但无论是符合还是不符合，我只能做我自己。这也是一种极为高效的创作观：与其绞尽脑汁想各种符合大众口味的选题，不如说我想说且有能力说好的选题。暂时吸引来的是“看客”，长期留下来的才是“朋友”。

现在我做社群的一个公开原则就是“对所有粉丝坦诚公开所有决策”。为什么？当一个人的影响力辐射的半径越来越大时，“坦诚”是筛选志同道合之人且沟通效率极高的成事方式。

走出老实人困境：如果可以，请学会“吹爆”自己

有一个工作9年的职场人来找我咨询，他曾担任过两年管理职务。我们聊了很长时间，他描述了一个很有意思的场景：他之所以能担任管理岗位，完全是因为领导实在找不到合适的人选，只是觉得他做事比较稳重，就把他暂时安排在那个位置上。他硬着头皮接受了。有一次，领导交给他一个任务，他做完后领导感到很惊讶。聊到这里，我问他：“领导是感到惊吓还是惊艳？”他说：“应该是惊艳，领导可能没想到我能想得这么全面。”

我接着问他：“你平常不跟领导沟通吗？为什么工作这么长时间，领导竟然不知道你思考问题能达到这种程度？” 他不禁反问：“我需要让领导知道这些吗？”

我听到后有些无奈，对他说：“让领导知道你的能力，这是最起码的吧！”

整个咨询的过程是一个深挖他的个人优势的过程，但是这个过程有些困难，因为他总是说自己没有什么特别鲜明的优点，他也不知道自己到底哪里好，然而领导愿意给他机会。

醒醒吧，职场人！难道你还想一辈子都只做一颗“螺丝钉”？你明明已经是一个能力十分出色的人了，怎么这么没有自信呢?

职场上，有很多人勤奋努力，工作十分靠谱，领导也能看见他们的努力。但是领导只能看见他们的一部分能力，看不见全部啊！而且，能看到员工一部分能力的领导已经很难得了，能看到某个员工一部分能力还愿意提拔勤勉者的领导更难得。遇到好领导本身就是一件凭运气的事，请学会珍惜。

珍惜好领导就是别透支领导的优秀品质，即好领导会辨别你的潜质，但你也得给领导“上菜”啊，不能把“菜”一直放锅里不呈上来。你需要主动展示自己的优势和价值。

接下来，我将分析这类人经常犯的三个认知错误。

第一，认为别人有的优点自己也有就不算优点。

首先，你肯定具备与这个岗位相关的一些能力，否则不可能在这个位置上，这是客观事实。但是我们常常忽略一个更重要的客观事实：同样的能力是有高低之分的，如很多人的简历上都会写沟通能力，这个能力具体到不同的岗位、工作年限，以及不同的人身上，存在巨大的差异。

企业对销售人员和行政人员的沟通能力的要求完全不同。对拥有1年工龄的销售人员和拥有5年工龄的销售人员的沟通能力的要求也不同。即便同样做了 5年，你和别人的沟通能力往往也会存在一定的差距。

你能看到这种不同和差距也是一种能力，这种能力叫什么？叫有自知之明。只有意识到这种区别与差距，你才能意识到“我有这个能力”，并根据你于所在的环境里见识过的最好的沟通能力，来明确自己的提升空间。

从此，在你的认知里，他人优秀并不代表你不优秀，只不过你需要一些方法和时间去刻意练习，以成为和他人一样优秀的人。

大家要知道什么叫个人擅长。不是说别人有的我也有就不叫“擅长”，关键是你能不能意识到你的工作所需要的底层能力到底是什么。如果你具备这个能力，就是擅长。到 60 分是擅长，到 80 分也是擅长，到 100 分还是擅长，你要做的就是朝着100分去努力。

第二，认为自己的优点即便不展示，别人也会知道。

面试的第一个环节普遍都是 HR先和你进行沟通，虽然HR也需要懂业务，但是他绝对没有你懂。那么此时，你需要怎么做呢？你要用做科普的精神来面对这次沟通，尤其是当HR对业务了解相对较少时。这里需要保持的一种心态是，我们不要假设对方知道你所知道的，我们永远假设对方不知道你所知道的一切，因为你并不能确定对方是否知道，与其赌这个未知，不如做好万全的准备。这样做的好处是你能借由这种表达的场合，倒逼自己对自己做过的事进行逻辑梳理，即复盘。在此过程中你可能会发现，你并没有想象中那么了解你所做的那些事。同时，你可能也会发现，你远比你想象中的还要优秀。

第三，把展示自我等同于吹嘘，说出来之后心虚，有羞耻感。

相信我，如果你已经纠正了前两个认知错误，那么你就不会有这种想法了。

职场求职和找对象的逻辑是一样的，大家有着不同的背景，来自不同的环境。如果你不展示自己的能力或魅力，谁知道你是块“金子”呢？谁来给你想要的薪资或甜甜的恋爱呢？即使你的妈妈和你同吃同住 20 年，也不一定百分之百地了解你。更何况在这么短的时间内，你需要让别人清晰地看到你的价值；你还有那么多竞争者，若不用尽全力地“吹爆”自己，谁会用有限的时间去深入了解你呢？

我说“吹爆”自己，请大家务必正向解读。就像我经常说的，简历要给自己设计标签，但很多人对此持嘲讽的态度，认为只要写清楚学历、工作内容、业绩就会有人约你面试。但对大多数求职者来说，这其实很难成立。你需要帮HR把你的特点从繁杂信息中提炼出来。3 ~ 5 个信息点，是人在瞬间能记住的最多信息了，如果你想被记住，你就要倒逼自己培养提炼自我优势的能力。你以为贴标签是无用功，但把标签贴好、贴准确、贴鲜明，其背后体现的是这个人对自我工作深度复盘的能力，以及对目标岗位深度理解的能力。

超越自卑：没有经历过自卑而获得的自信，无趣极了

每个人都有不同程度的自卑感，因为没有一个人对其现时的地位感到满意，对优越感的追求是所有人的通性。然而，并不是人人都能超越自卑。

30岁之前，如果有人对我说“你这个人挺自卑的”，那我肯定会恼羞成怒，恨不得回击他“你更自卑”。但现在，如果再有人来跟我说“你这个人挺自卑的”，我会很淡定地回答：“是啊，我一直都挺自卑的。”

其实，这种回答方式是我应对所有质疑与否定的固定话术，体现在很多具体的回应场景中，比如“你长得真丑。”“是啊。”“你说话真难听。”“是啊。”“你真笨。”“是啊。”

不是我不在意对方说的话，相反，我还是很在意的。只不过现在的我已经理解自卑的本质，并且知道如何与自卑共处了。

2024年1月的第一周，先后有两名咨询者来找我，他们咨询的问题都与和领导讲话时的紧张感有关。当时这两名咨询者都已经有比较严重的躯体化症状。

要知道，痛苦的感受和快乐的感受，虽然都让人记忆深刻，但人更擅长记住痛苦的感受，并且这种感受不会随着时间的推移而减弱，只会一直存在于你的潜意识里，就像一颗钉子一样钉在你的神经里，逐渐融入你的身体和精神。

这两个咨询者痛苦的感受为什么会发展到出现躯体化症状的程度呢？这主要归因于以下两个方面。

第一，反复且持续地进行心理暗示，并过度关注这种感受。例如，从知道自己要公开讲话上场那一刻起，他们就开始过度关注自己是否会紧张这个问题，一直跟自己对话“我太紧张了，怎么办？怎么办？”这就是社会心理学家丹尼尔·韦格纳的白熊实验所揭示的现象，其结论就是“关注即强化”。当准备上台演讲时，这两位咨询者拼命告诉自己不要紧张，但越是这样想，就越紧张，大脑甚至一片空白。“台下这么多观众，我千万不能紧张，被他们看出我紧张就糗大了。”越是这样想，他们便越不能将注意力集中在演讲本身，而是把全部注意力都转移到了内心的想法上。

第二，问题一直没有得到有效的解决。长时间反复地经历这种挫败感，心理强化加上结果的负向反馈，最终发展成严重的躯体化症状。

那么，这个问题到底能不能解决呢？答案是肯定的。只不过我们解决的不是紧张感本身，而是如何看待紧张感的问题。

紧张是由慕强心理与畏惧心理导致的，即我们总是将自己摆在“下位者区域”，让自己处于被审视的境地。那么我们需要知道慕强心理与畏惧心理是怎么产生的。

要说清楚这个问题，就必须搞清楚自己这一生都会面对的两套评价体系：一套是自我评价体系，另一套是他人评价体系。我们大部分人都是在用他人评价体系来进行自我评估的。就像我的咨询者说过：“我可能是需要被表扬才会感到自信的人。比如，我在学生时代经常被老师表扬，但在社会中没有人会表扬我。我的自尊心好像都是从外界获取的，自己并没有培养出足够强大的自尊心。”

而我们一旦将这种评价自己的权利交给外界，就会无法避免地陷入自负或者自卑的情绪。被表扬会自负，被批评就会感到自卑。自卑会带来两个后果：一是追求完美，有时会委屈自己、喜欢做老好人、对自己要求过高等；二是拖延，这主要是由畏惧心理和不专注导致的。这样的人往往是因为没有建立起强大的自我评价体系，才容易被他人的评价所影响。

问题在于，我们应该如何建立起自我评价体系呢?

我跟大家分享一个自己正在用的小诀窍，就是不要急于建立一个体系，而是先从培养一个“内关”的习惯开始，这个“关”是关心和关照的意思，即向内关照自己——关照自己的价值。

例如，我在上一份工作的最后几年，有几次汇报工作紧张感没有那么强烈，我后来总结都是因为我做对了三件事：一是“听话听音儿”，二是给我能给的，三是建立势能。

“听话听音儿”的意思是，我告诉自己，只有把对方的话先听进去，听到对当下沟通的事情有价值的信息，我才能给出有效的回答。于是，我会从关注对方对我的态度转移到关注对方说话的内容。不过，想要做到这种转移，其实并不容易，需要刻意练习。但请相信我，坚持练习就会有效果。

“给我能给的”的意思是，专注于我能提供的价值、我所传达的信息能否给对方信息增量，而不是着急把话说完。这就会倒逼我提升对业务的理解深度。

“建立势能”的意思是，找到你比公司的同事更有优势的地方，哪怕是一些不重要的边角优势。比如，你对某件时事了解得更多、你能发现公司员工的一些变化，哪怕你的外貌或衣品不错，都可以拿来当作一个独特的势能点。就像我的咨询者所说：“在和同级沟通时或者我能明显感觉到对方比我相关经验少或者好沟通时，我就不会太紧张。”这个势能点就是用来建立自信心的，哪怕这些优势微不足道。但是，“九层之台，起于累土”，点滴的自信是可以聚沙成塔的，重点是学会关注自己身上积极与可爱的一面。

我们的弱点就是用来被攻克的。一个没有弱点的人，怎么能共情别人的痛苦？一个没有弱点的世界，怎么能筛选出英雄？让我们自卑的都是尚未攻克的弱点，哪里自卑就练哪里：业务能力不行，就练业务；逻辑不行，就练逻辑；表达不行，就练表达；沟通不行，就练沟通。

在我看来，没有经历过自卑就能获得自信，那样的人太无趣了。

不内耗的魔法：不过度“向内归因”

“园姐，为什么简历发过去都是已读不回？我的简历还应该怎么调整啊？”

“园姐，HR说我表现很好，但是他们选择了那名‘985’大学毕业的大学生。我面试的时候是不是还能表现得更好一点呢？”

“园姐，为什么面试过去两周了还没有回复，我应该如何争取呢？”

在过去的一年里，我做了上千例咨询，听到了太多诸如此类的求助。事实上，大家自身各方面条件都不错，真正的问题在于当下的就业环境实在是太“卷”了，可为什么大家就不敢把这个原因说出来呢？

我们可以“向内归因”，但是不能过度“向内归因”。

如今，我们不能再一味地做加法了，而是应该尝试做减法。当下，企业都在降本增效，我们个人也要降本增效。

降什么本？降“内耗”的本。不想让内耗压垮你，就必须记住以下三个“不要”。

第一，不要在意混得比你好的同龄人。

这个“混得好”是加引号的，尤其是那些天天在朋友圈晒“我公司很忙”“我公司福利很好”“我又出差了”的人，真正身居重要岗位的人是没时间晒这些的，真正有前途的年轻人也都是非常忙碌的。当然，如果你的朋友圈有人晒这些，你与其“羡慕嫉妒恨”，不如化嫉妒为行动力，主动让他们帮你内推一下。如果他们能够用心帮你，那么还能顺带加深下友谊；如果不帮，那也没必要在意。

第二，尽量不要在迷茫期考研、考公。

迷茫期的人最缺乏专注力，专注力是目标感非常强的人才具备的。迷茫期的人无法拥有坐在“冷板凳”上忍受寂寞的专注力，硬学的结果也不理想，还会带来更强的自我否定感。

第三，也是最重要的一点，就是不要把拒绝当否定。

倘若HR对你的简历已读不回，并不是你不行，可能你只是暂时被放在待沟通列表里；HR两周没回复，同样不是你不行，可能是公司的这个岗位暂不急用人；HR 拒绝了你，也不意味着你不行，只是你缺乏该行业的相关经验。这些是客观原因，不是你的主观原因，你已经很努力了，所以没关系，没必要再自我 PUA（自我否定、精神内耗）了。抛开情绪，继续面试吧。

然后，增什么效？当然是增“成长”的效。此时，有些人可能面临没有工作、没有正反馈、全都是负反馈的问题，应该怎么成长？

的确，我们成长的过程，主要是接受反馈并迭代自己的过程。然而，我们误以为这个反馈只能是外界反馈，其实，还有一种反馈叫自我反馈。外界反馈和自我反馈共同构成了我们的“成长系统”。在顺境时，我们可以借此积累外界反馈；在逆境时，才是建立自我反馈系统的绝佳时机。

那么，什么叫自我反馈？

比如，今天有人跟你说“平平淡淡才是真”，明天又有人跟你说“努力奋斗的人生才是幸福人生”。如果你觉得两个人说得都有道理，那么应该听谁的呢？这种不知道该听谁的状态便是“自我反馈系统缺失”的状态，即谁都可以影响你，谁都可以左右你，你没有自己的判断，你的价值观、原则变得飘忽不定，进而你的情绪也会忽高忽低。为什么说逆境可以帮助我们建立自我反馈系统呢？因为逆境会让我们产生自我怀疑，质疑自己曾经认为正确的方法。当然，仅有怀疑是不够的，我们需要有所行动。

庸人常说“如果”，普通人会问“结果”，而高手只分析“因果”。你需要把过去让你成功的因素和让你失败的因素全部罗列出来，然后，把成功的因素记住，并标注为以后长期践行的原则；把失败的因素也记住，并标注为再也不犯的原则。这套原则并不是固定的，每一次逆境都会给你一次深刻反思的机会，成功的因素和失败的因素会增加或减少，甚至互相颠倒。关键是，你能够借由这样的机会看清楚自己的长处，而不是只关注自己的短板，归因但不归错。

当你成功渡过难关后，你会发现你还是你，但也是一个全新的你。记住，拉开人与人之间距离的，不是顺境时的学历、智商和能力，而是一个人在逆境时的心力、认知和能量。

不怕被拒绝的底气：对未知的掌控感

“害怕被拒绝就不敢投简历，很可笑吧？”这句话来自我的一个咨询者。

你们是否也有过那种“害怕”的感受呢？只要是人，都会有害怕的时候。相较于快乐的记忆，人类更擅长记住害怕的经历。在我的成长过程中，有许多让我记忆深刻的恐惧场景：小时候课堂上被老师点名回答不会的问题；在千人礼堂公开演讲时忘词（从那以后，在超过三人的场合讲话我就会感到害怕）；领导突然点名让我当众发言；在一群“大佬”面前进行述职汇报；面试时被对方一直追问；被枕边人掐住脖子，还提刀威胁。

这么一想，我的人生经历还真是丰富。

当然，让人类感到害怕的事情还远不止这些，我想结合个人经历，来说一下我对害怕的认识。这个话题其实还挺难说的，但我会尽量说得简单一些，希望能给大家带来一点启发。

害怕是人类漫长进化过程中最原始的情绪之一。它有积极的一面，比如在危急时刻促使人体分泌肾上腺素，让人产生爆发力。但除此之外，害怕似乎就没什么好处了。

此时，我产生了一个问题，基于万事万物皆有正反两面的原则，害怕的反义词是什么？我的第一反应是勇敢。你看战场上的军人、竞技场上的运动员，他们面对敌人或对手时都很勇敢。但当我回忆自己的经历时，有些场合，我虽然鼓起勇气强迫自己去面对（比如面试），但下一次我还是会感到害怕，那种紧张忐忑的感受并没有消失。这说明“勇敢”只是让我能够面对，但并没有将我心中的恐惧消除。

直到近两年，我才有了质的改变，从曾经面试时身体完全僵硬到现在可以自如地表达。虽然还是会有些不自在，但害怕的心理确实没有了。

我不禁在想，是什么改变了我呢？答案是，我掌控了“未知”。这时，你们肯定会说，每年都是这些人，处于这种环境，怎么可能到现在才掌控“未知”呢？对，人没变，环境没变，但我变了。我从不知道说什么，变得知道该说什么；从不了解这些人，变得了解这些人，我对局势的掌控力越来越强。换句话说，我做到了以当下自己的认知，最大程度地知己知彼。我非常清楚在这种场合下，什么话能说，什么话不能说，再也不用担心被点到名字时不知如何作答，也不再纠结别人会怎么看我。

最后，我总结，害怕的反义词不是勇敢，而是有经验，更准确的说法是有“有效经验”。这个经验不一定是自己的经验，也可以是他人的经验。但无论是自己的经验还是他人的经验，都必须是能总结出方法的经验，真正赋予你掌控感、确定感的是这些方法，而非经验本身。

因此，我总结出这样一个公式：打破对未知恐惧的有效经验=（自身经验+他者经验）×复盘×行动力。我们面对任何一种恐惧，在毫无经验的情况下，要么被迫行动积累“无效经验”，要么主动借鉴他人经验，这些经验可以来自书本，也可以来自身边的人。

关键是后面两个要素：第一个是复盘。复盘的本质是“认识自己”，要清楚自己哪些地方做得好，哪些地方做得不好。第二个是行动力。用行动力来验证和迭代上一次经验复盘后的方法。不要把这种行动力理解成勇气，而应理解为“绝对准则”。无论你有没有勇气，行动都能让你越来越清楚自己的能力边界，让你了解世界的运行规律，进而获得对害怕的掌控感，逐渐走出害怕对你的掌控。

行动力是对真相的本能执着，而勇气是在做与不做之间内耗后的选择。

年轻时的巴菲特不善于演讲，于是他报班去学习。他说：“我不是为了演讲时不发抖，而是为了发抖时还能演讲。”这就是一个利用这个公式改变自己的例子。

最后，我想说，我们成长的最终目的不是战胜害怕，而是即便处于害怕之中，还能保持行动的能力。因此，要不要投这个简历，你说呢？

第4章

普通人从负分到满分的自助工具箱

迷茫期第一件事：拒绝身边人的好意

本章的第1节，我想先聚焦一个特定的“身边人”群体——那些爱给我们提人生建议的“身边人”，并探讨他们是如何影响我们个人成长的。

你们是否发现，身边那些看似充满善意的建议和行为，往往在不经意间成为阻碍我们前进的隐形障碍？有些“好意”往往以关心和保护的名义出现，但实际上可能在无形中消磨掉一个人的潜能和追求。

这里，我们要重点辨认“你”和“身边人”这两个主体的真实动机与心理状态。只有辨认清楚后，我们才能将某些关系从人际维护清单中剔除。也就是掂量你生命当中每段关系的权重，对于权重较低的关系，我们可以不让它们占据你的脑内存与心智内存，这样我们便可以轻装上阵，更轻松地做决策。

接下来，我将通过咨询者的真实案例，给大家逐一分析不同类型的“好意”。

案例一：过度保护的父母

小李对艺术充满热情，梦想成为一名画家。然而，小李的父母担心艺术生涯具有不稳定性，坚持要求他选择一个更实际的职业，比如会计。

从社会身份认同理论（Social Identity Theory）的角度来看，个体往往寻求与他人建立积极的社会关系，以获得认同感和归属感。当“身边人”出于好意给予我们建议或帮助时，我们可能会为了维护这种关系而接受，即便这些建议并不符合我们的长远利益。这种社会压力可能导致我们放弃自己原本的判断，进而限制个人的成长和发展。因此，小李可能会为了获得父母的认同、避免与父母的冲突而放弃自己的梦想。父母的过度保护不仅限制了小李的职业选择，还可能导致他在未来感到不满和遗憾，其原因便在于他未能追求自己真正的兴趣。

案例二：不切实际的期望

新晋经理小王在公司表现出色，上司对他寄予厚望，并期望他能在接下来的项目中承担更多责任。然而，这种期望可能超出了小王的实际工作能力和准备程度，导致他在工作中时常感到压力巨大。

根据认知失调理论（Cognitive Dissonance Theory），当小王的行为与他的信念或价值观不一致时，就会产生心理不适，即认知失调。为了减少这种不适，小王可能会改变自己的行为来适应他人的意见，即便这意味着放弃自己的目标或梦想。这种适应性改变可能会让小王逐渐远离真正的自我，最终造成潜能的浪费。长期下去，还可能会影响小王的职业发展和心理健康。

案例三：无意识的操控

小刘的男朋友总是以关心为名，对她的生活选择进行评判和干预。比如，他会评判小刘的新朋友或者建议小刘改变工作方式。这种看似无意识的操控常常让小刘感到自己的选择不被尊重，长期下来，她的自我价值感下降，人际关系也变得紧张。

根据自我决定理论（Self-Determination Theory），一个人的自主性、能力感和关联性对其发展起着重要作用。“身边人”的好意可能会无意中削弱小刘的自主性，使她感到自己的能力受到质疑，或者在人际关系中感受到压力。这种影响可能会削弱小刘的内在动机，使她在追求个人目标时缺乏动力。

案例四：错误的职业建议

大学生小杨在职业规划上感到迷茫，他的父母建议他进入看起来稳定且收入较高的行业。然而，这种建议可能是基于父母的经验以及对市场的理解，并不契合小杨的兴趣和长期职业规划。

依恋理论（Attachment Theory）认为，我们与他人的关系模式会影响我们对自我价值的看法。如果“身边人”总是以好意的名义干预我们的生活，可能会让我们形成依赖性，阻碍我们独立思考和解决问题的能力的发展，从而限制我们的个人成长。如果小杨听取这样的建议，可能会导致他在未来的职业生涯中感到不满足和不快乐，因为他未能根据自己的兴趣和价值观作出正确的选择。

我对“身边人”的定义是，我们最常交往的生活圈中的人，比如父母、朋友、同学等。这些人往往只需要付出很小的力量，就能对我们产生深远的影响。当我们遇到“身边人”表示好意时，我们要先思考自己的目标是什么，然后判断哪些建议是合理的，哪些建议属于过度干预。其实不难判断出，我们自己可能受限于确认偏误（Confirmation Bias），父母受限于群体思维，朋友受限于情感利益。

前两个判断都易于理解。首先，我们往往更倾向于听取与我们意见相同的人的建议，而忽略那些持不同意见的人的建议，“身边人”往往具有与我们相似的认知和经历。这就是确认偏误，它是一种认知偏差，指的是人们倾向于寻找、解释和记忆与他们已有信念或态度相符合的信息，而忽略或低估与其相矛盾的信息。这种认知偏差可能导致人们对信息的解释和记忆产生偏差，从而加强或巩固他们已有的信念或态度，忽略或排斥与其相矛盾的信息。

其次，父母的建议可能会受到传统观念的影响，他们受限于他们所处年代的集体意识，从而放弃他们的个性和独立思考，被集体意识所左右，沉迷于对群体的认同感和归属感。

最后，最难说清楚的是朋友的意见。当你想要离开现在的环境，征求朋友们的意见时，他们可能给不出你想要的答案。原因有两点。一是他们没有能力给出合理的建议，他们不一定具备专业知识、专业经验和专业背景，所以可能会误导你作出错误的决策，让你失去机会。二是很难有人逃出人性的陷阱，越是亲密的人越容易深陷其中。你要问问自己：他们到底是真心希望你成功，还是只是想从你身上获取情感利益？

因此，我们需要学会倾听自己的内心，设定清晰的个人目标，并在必要时与他人进行沟通，确保我们的选择能够真正反映自己的愿望和价值观。同时，我们也应该自查自纠，看看自己是不是一个总爱提出建议的人，要学会在提供支持和建议时保持尊重，避免无意中限制他人的成长。当我们越能辨别“身边人”的好意时，就越能轻装上阵，朝着自己的目标前进。

低谷期的自救思维三件套：觉察+允许+止损

阅读本书第2章第1节后，你大概已经理解“大脑是可以被我们控制的，它具有可塑性”这一观点，即无论是养成一个坏习惯，还是培养一个好习惯，我们都可以利用大脑的可塑性来实现。而且，一旦养成新习惯，我们就有可能成为一个全新的自己。

其实，这个底层逻辑就与认知行为心理学（Cognitive Behavioral Psychology）的主张相符，即通过识别和改变不健康的认知模式和行为习惯，可以有效地解决心理问题并改善情绪状态。基于此，诞生了非常有名的认知行为疗法（Cognitive Behavioral Therapy，简称CBT）。这种疗法被广泛用于治疗各种心理障碍，如抑郁症、焦虑症、恐慌症、强迫症、创伤后应激障碍等。CBT的核心理念是：个体的负面思维（如过度悲观、自我否定）和不适当的行为（如回避、拖延），会导致或加剧心理问题。CBT旨在通过一系列的心理治疗技巧，如认知重构（改变消极思维）、暴露疗法（面对并处理恐惧情境）、行为实验（测试和挑战不合理的信念）等，帮助个体建立更积极的思维模式和更健康的行为习惯。

那么，具体应当如何应用呢？结合脑科学、神经科学和认知行为心理学，我独创了一个工具——自救思维三件套，即觉察+允许+止损。

《少有人走的路：心智成熟的旅程》这本书中提到："人生苦难重重。这是个伟大的真理，是世界上最伟大的真理之一。人生本就是一个不断面对问题并解决问题的过程。"然而，遗憾的是，许多人不愿意正视人生的苦难。一旦遇到问题和痛苦，他们不是怨天尤人，就是抱怨自己命苦，仿佛人生本来就应该既舒适又顺利似的。面对无尽的麻烦、压力和困难，他们总觉得自己是世界上最不幸的人。于是，他们便会陷入内耗、纠结和苦闷之中，并任由这些情绪发展为焦虑症、抑郁症等精神类疾病。

我非常了解这样的感受，因为我也曾身处困境，怀疑人生，甚至有过轻生的念头。面对一连串的难题，我是如何走出低谷的呢？那便是运用这个自救思维三件套，具体操作方法如下。

在正式运用这个方法前，我们需要先建立一个心理暗示。心理学中有个"后视镜综合征"的概念，即我们通过后视镜不断回忆过去的经历，错误地相信自己曾经是什么样子，将来就是什么样子。这种心理是阻碍我们走出过去阴影的关键。因此，我们首先要扭转这种心理，无数次告诉自己"过去的我不代表未来的我，未来的我则由我现在的行为决定，因此，我的未来是可以改变和重新塑造的"。

自此，我们就可以正式使用自救思维三件套了。

举一个很常见的例子。很多小伙伴在新年时立下了通过运动减脂增肌的目标，却总是“三天打鱼，两天晒网”。我曾经也是这样的。不过后来，我成功用这个自救思维三件套养成了长期运动的习惯。

第一件——觉察。当我因为一些诱惑而不想去健身房时，我会先停下来，刻意觉察自己当下的情绪，问自己“是想放弃了吗”，答案肯定是否定的，其实就是想偷懒了。还有一种情况，比如我因一些特殊因素，像出差或者有推不掉的饭局，影响了规律运动，连续几天都没能去健身房，这时候就特别容易给自己找借口——“今天不运动也没事，我是有理由的嘛！”这样一来，再重新拾起运动的习惯就更难了。此时，我会先觉察当下的情绪，这时的自己已经很内耗了，明知应该去运动却迟迟不肯行动，进而内耗也越来越严重。

那么，应该如何结束内耗呢？此时就需要用到第二件心理工具——允许，告诉自己：“没关系，怠惰的情绪是正常的，是自然的，没必要抵触它。这是大脑的本能，接纳它的发生就好。”

到这里还不够，我们还要行动起来，这时就可以使用止损这个心理工具了。到这一步，我会告诉自己：“没有比当下更好的时机了。再往后拖延，你的身体会越来越迟钝，费尽千辛万苦锻炼出来的线条也会前功尽弃；等到肌肉记忆消退，再去重新运动只会更难，所以没有比现在更好的时机了。”

但是这个案例中，人的痛苦程度比较浅，所以说服力并不强。我再举一个自己在自杀倾向已经很明显时进行自救的案例。

当时，我已经没有办法和父母正常交流了，只要他们跟我说话，我就会大吵大闹，情绪极其激动。我的大脑已经完全处于凭本能驱动的状态。我对自己非常厌恶，越吵越厌恶，越厌恶越吵。那该怎么办呢？

首先，在即将再次大吵之前，我强行进行深呼吸并觉察当下的情绪，在心里告诉自己，“啊，我又愤怒了。”接着，我告诉自己有愤怒情绪是很正常的。最后进行止损，告诉自己没有比现在停下争吵更好的时机了。

这听起来是不是太容易了？但事实是，这个自救思维三件套要多次重复使用，并不是一次就能成功的，且成功一次并不代表着下次还会成功，这是一个反复的过程。关键在于要持续且刻意地练习，这样才会让量变引发质变，一个好的习惯就是这样养成的。好习惯的本质，就是让行为从“刻意控制”逐步变为“肌肉记忆”，最终内化为潜意识的一部分。只有达到这种程度，自救才算成功。

荣格说：“你的潜意识正在操控着你的人生，而你却称其为‘命运’。”这句话让我们感受到潜意识的巨大力量，不过这句话还有后半句：“当潜意识被呈现，命运就被改写了。”

觉察，是理智脑强行发挥作用；允许，是和自己的情绪脑和解；止损，是理智脑和情绪脑共同合作压制本能脑，最终将你的行动力调动起来。

让大脑变聪明的性价比最高的方法：写作

曾有个咨询者跟我说，他以前每天写日报，最后越写越累，这导致他后来写什么都很痛苦。中医讲“通则不痛，痛则不通”，写作对他而言总是如同上刑般痛苦，原因就在于他写作的那根神经被“堵住了”。

激活写作神经的是什么呢？是写作欲望。有些人因擅长写作而产生写作欲望，有些人则是因为在看到了写作的价值后才开始有写作欲望，进而刻意锻炼写作的能力。我就属于后者。

什么是写作的价值？是出书吗？是当作家吗？是赚稿费吗？当然不是。我们首先要搞清楚写作的本质。写作的本质是慢思考。很多人听过“写作是慢速的表达，表达是快速的写作”这句话，而写作与表达的载体是信息。信息源自哪里？源自大脑。大脑如何处理信息呢？先记忆，再提取，然后加工。但是，大脑对信息的加工是散漫且不准确的，导致信息之间相互混杂。这就是为什么大部分人都有过类似的经历：脑子想明白了，却表达不出来。

这个问题的关键在于，我们没有进行信息的转译。这个转译的过程类似于给植物做养护，需要修剪掉一些已经变形的枝叶。在这个过程中，你要思考哪些部分需要保留，哪些部分需要修剪，这是一个梳理的过程，能将无序变有序，把冗余变简洁。那么，如何对大脑中的信息进行精准转译呢？答案就是写作。

写作的本质是把大脑中的无效信息剔除，然后进行信息重构，最后保留有序的有效信息。虽然信息打散再重构的过程很痛苦，但一旦大脑记住这种有序的状态，它便会越来越好用，调度信息会越来越轻松，而且调度出来的都是有效、有序的信息。这样一来，你的表达能力（包括写作、演讲等）就会越来越强。这就是写作的价值。

另外，人的大脑天然是喜欢有序信息的。例如，《高效能人士的七个习惯》一书中有这样一个实验：有一张图（如图4-1所示），里面有数字1～54。你的任务是按顺序，分别找出1，2，3，4，5，……，在一分钟内看看能找到多少数字（图里没有缺少数字）。

图4-1　乱序的数字
图片来源：《高效能人士的七个习惯》。

你能数到几呢？大多数人能数到20左右。现在我想让你用一个有条理的方法再试一遍，看看能否更快速地定位数字。这一次，我会在图上划分出九宫格（如图4-2、4-3所示），再按照如下方式寻找：先从第一个格子里寻找数字，接着在第二个格子里找后续数字，然后是第三个格子，依此类推，直到第九个格子。这次同样给你一分钟的时间，看看你能找到数字几。

1	2	3
4	5	6
7	8	9

图4-2　九宫格中的数字

图4-3　九宫格中乱序的数字

这次几乎每人都能按照这种方法数到54。区别在哪里呢？区别就在于这次你使用了一个有条理的模型。我们的生活就如同这个图中的数字一样，面临着太多的选择和挑战，有时很难找到方向。

大脑之所以喜欢有条理的模型，是因为大脑也喜欢“偷懒”，倾向于更快、更好地解决问题。这就是只能数到20还是能数到54之间的区别。一旦你的头脑中存在这种有条理的模型，你就会有所不同。

只有你自己可以帮助你的大脑走出无序状态，比如通过写作来帮助自己过上越来越高效的人生。这个基本功，我刻苦修炼了十年，并且仍在坚持。写作是每一个高手的日常习惯，一旦养成，便能终身受益。

让空窗期危机消失的策略：打造超级个体

你求职过吗？你正在求职吗？你是否还要继续经历求职的日子？或者，你是否还想继续被求职的恐惧所笼罩？过去一年，我帮助1000多名求职者解决了求职方面的问题，从过来人的视角看，这些问题，我都能给出解法。然而我却感到越来越无力。

我之所以感到无力，是因为我越来越反感“求职”二字中的这个“求”字。借此，我想通过这节内容向大家说清楚三件事。

第一件事，企业并非适合所有人。企业的底层逻辑是：一个人找几个人管理一大部分人。这是典型的社会达尔文主义、金字塔结构和权力层级体系。极少数人掌握核心权力，部分人参与利益分配，即真正从中获得职业价值感的仍是少数，这就是规则。

但是，不适应这个规则的人就不配拥有对等价值吗？或者，这个价值一定要由别人来定义吗？你有没有觉得这个规则最不合理的地方在于，它从未要求你成为下位者，但你却会不由自主地畏上、慕强，严重的还会像我的那些咨询者一样？

例如，有一位咨询者，常年受困于这种上位者制定的游戏规则，认为自己必须满足上位者的期待。如果不能满足，便会感到自责、有压力，内耗严重。这些情绪具体体现在他们不能很自如地发言，一旦公开讲话便会产生明显的躯体化症状。

这究竟是为什么呢？因为害怕呀。尽管这位咨询者有这些表现，但他已经被提拔为干部了。

从中也能看出，职场中有两类人能混得好。

一类是有特别强烈的掌权欲望的人，即那些立志要做人上人，对自己够狠，并且看上去用的是慈悲手段，但实则也是为了最大利益而行动的人。另一类人便是甘心做“蝼蚁”的人，即那些看透了这个规则后甘心给掌权人服务的人，这种人可以凭借向上社交的实力分到别人的“蛋糕”。

除此之外，剩下的人就是最难受的，也是打工人群体中占比最大的。他们看不上这套规则，甚至厌恶、抵触，同时也没有欲望向上爬，既卷不动，也躺不平。最后能怎样呢？要么采取精神远离法，苟活下去，要么彻底远离。

如果你是打工人群体中占比最大的一类人，那就认真考虑下，你想通过打工这条路解决什么问题？也就是说，如果打工不是你的目的，你一定还有其他想过的生活，对吗？

如果是，我们就可以开始讲第二件事了。我强烈建议那些“卷不动、躺不平”的打工人，早点规划自己的空窗期。

空窗期越来越普遍，有过空窗经历的人会发现，每一次空窗期的时间也越来越长了。那么，如果空窗期注定会成为一种常态，我们与其煎熬地等待它的必然到来，为什么不早点儿布局呢？这样做有两个好处。

第一个好处，可以为下一次面试准备更真实、更有价值的回答。第二个好处，在空窗期真正为自己做点事，而不再是为了满足用人单位的需求去做填空题，例如考证、读研或者出国留学。

还是那个逻辑，如果你想“卷”，那就回到第一件事去思考。如果你不想“卷”，也别为难自己，与其把空窗期当成填空题来做，不如将它变成一道大题来解答。这道大题的题目就是“探索自己”。如何探索自己？其实方式也很简单，就是尝试做副业，成为一个超级个体。

但这里，有句“毒鸡汤”会劝退很多人：“那些职场能力强的人，副业一定做得也不差。”反过来说，如果职场能力一般，副业往往也难有起色。事实真的是这样吗？应该不是吧。为什么这样说呢？

因为你的欲望没在你所处的职场中，你所擅长的事物和技能也不在这里，你的理想生活更不是如此。因此，你的潜能就不可能在这里被激活。

能在企业中混得好的两类人的能力模型是什么？其实，就是企业面试时的能力要求。企业所要求的沟通能力，实际上就是要处理好人际关系；企业所要求的解决问题的能力，实际上就是有获得资源的能力；企业所要求的抗压力，实际上就是无条件执行命令的能力。

这时，会有人告诉你，做副业也需要这些能力，如果你连打工都打不好，怎么可能做好副业呢？这种说法毫无逻辑，荒谬至极。

我自己做了一年副业，也认识了很多副业做得很出色的朋友，其中不乏内向的人，这在职场中是很少见到的情况，因为大部分内向的人在职场中如同“透明人”一般。

我这里没有要贬低内向人的意思，职场中也有很多内向的人发展得很好。但是，我相信有很多人跟我一样观察到这样一种现象：所谓混得好的内向人，几乎都是通过表现得外向来实现的，其本人是非常内耗且不自洽的。

也就是说，如果你无法通过有效“表演”来展现自己很厉害、有价值，大概率就会沦为职场中的“小透明”。

但问题在于，内向的人就真的无可取之处吗？我也是做了副业后才发现，原来有那么多内向的人在用让自己感到舒服的方式来赚钱。

例如，有的人靠写作，有的人靠一对一深度咨询，还有的技术型内向者靠接商单。赚钱的方式太多了，甚至都不需要抛头露面地社交，他们的商业化能力远超我的想象。

我曾经以为，只有靠嘴皮子，懂得如何在公开场合溜须拍马，并且把自己摆在被审视的位置，让别人评头论足一番，才能取得成果。但现实是，副业的能力模型和打工人的能力模型完全是两套系统。

如果你以打工人的身份去面试，你会发现，你必须第一时间吸引面试官的注意力，充分展现自己外向的性格，为对方提供满满的情绪价值。这对于那些需要慢慢展现自我优势的慢热型选手而言，非常吃亏。

就像我的合伙人水水说的一句话："有些人只有在具体的事情上才能看出潜力。要是第一时间抓不住表现的机会，就会非常吃亏。"

当然，我只是举了内向者的例子。作为外向者的我，同样厌恶职场的那套规则，我无法内心自洽地去服务他人，更无法坦然接受别人来定义我的好与坏。

那么，越早布局自己的副业，就能越早在职场中拥有拒绝的底气、不委屈自己的实力以及离开的自由。

因此，对于那些"卷不动也躺不平"的打工人，我想说，如果你并没有把打工当作自己的人生终局，就可以换一种心态去看待面试你的人、你的工作以及评价你的人。工作只是实现目的的一种方式而已。

想清楚这点后，去企业打工就再也不是人生的目的了，打工只是服务于我们目的的工具之一。服务于我们的什么目的呢？是自我探索的目的。

如果人生注定要有一个答案，那便是我们经过一生的探索后，找到了生而为人的意义。至于这个意义究竟是什么，千人千面。

如果在你追求的意义中，需要工作来助力你去完成，那就去工作；如果你尚且没有答案，则可以通过体验不同的工作来寻找答案。

所有答案中唯独有一种是最毁人的，那就是：为了工作而工作，为了和身边人一样显得稳定又安全而工作。

在找我的1000多名咨询者中，几乎所有人都有同样的困境，他们用一时的安全换来了长期的焦虑。其中，占比相当高的竟然是体制内工作了五年、十年甚至二十年之久的人，他们过着温水煮青蛙的日子，突然有一天不想继续了，因为受不了那种被巨大空虚笼罩的“无意义感”。

工作了三五年的人选择裸辞，他们还有重新开始的希望，那么工作了十年、二十年的人呢？他们的未来还有选择吗？未必没有选择的余地，但这并非本节探讨的重点。我更想给职场新人一个具体的建议，这也是我最后想要说的一件事：从现在起，准备一份自己的“使用说明书”。

对，你没听错。通常只有产品才有说明书，但我们为什么不能把自己当作一个产品呢？只不过，我们这个产品需要不断迭代，需要根据自己探索的方向进行调整。

这份说明书的本质是让你以终为始进行倒推。你希望这个世界如何看待你，使用你，与你建立联系，那么，你就要确定在自己的说明书上写下哪些高光时刻，设定什么标签，标注哪些原则、边界和底线。

与其被动地等待别人在你这张“白纸”上写写画画，强加一些规则，为什么不主动进行自我设计呢？

面试时，既然必然要说一段自我介绍，必然会被问到职业规划，必然要提到你的优点、缺点和性格，那么，为什么要等到面试那一刻才去思考这些呢?

我做了这么多求职咨询，最难受的就是看到求职者在那里硬憋。我从来不主张生搬硬套、套路式模仿，而是主张结合每个人自身的特点，帮求职者看清自己阶段性终点的样子，然后告诉他们该如何设计自我介绍、如何挖掘自我优势，以及如何更加自洽地展现自己。

不必求救：重新定义恐惧

分享下我最近一年的感受。这一年，我处于一个绝对意义上的“无人区”，周围弥漫着恐惧的气息。

这里我们先定义一下“无人区”：在成长过程中，你正在经历困难的事情，但身边却没有人有过类似的经历，也没有人可以指导你。在这种情况下，你该如何破局？在自己想办法克服的过程中，身边没有参照系，你又如何确定成长与进步的指标呢？

我在婚姻中遭到家暴，因此需要自救，但身边无人可以借鉴；离婚需要打官司，同样身边无人可以借鉴；孩子还在哺乳期，我不能去北京工作，事业需要重新规划，身边还是无人可以借鉴；事业稍有起色，想找个人指导，却连亲戚朋友都劝我“凑合着过得了”。我的未来仿佛没有坐标系，一切只能靠自己摸索。这一年，我终于被迫有了一些深刻感悟：我要为所有可能出现的不好的结果负全责，我是自己人生的唯一责任人。除了我自己，没有人能替我度过我的人生，其他人的指导作用都是有限的。

当然，这个过程并非多么惊天动地，也不是说身边完全没有人帮我，而是当我意识到“我才是自己的人生主宰”时，我把遇到的每个人都看作是我人生棋局中的“棋子”。因为在人生这盘棋里，我才是下棋者。只不过，对于每一颗“棋子”，我都会视若珍宝。

在职场中，从基层领导到中层领导，再到高层领导，每一层领导所承担的责任都不同，也不是每一层领导都有机会经历“无人区”，但通常来说，越高层的领导遇到“无人区”的概率越大。如果你从来没有思考过“你什么时候意识到自己进步了”这个问题，那我只能说，你还在山脚下。如果你想要爬到山顶，哪怕只是爬到半山腰看看不一样的风景，当下就是思考这个问题的最佳时机。

下面我分享一个比较特别的案例，这算是我2023年的一个收获。

在分享之前，我先问大家一个问题，你们会害怕和人发生冲突吗？在公众场合如果遇到有人找茬，你会如何应对呢？

我非常害怕和人产生冲突，尤其是在和一个不分场合、不分时间动不动就冲我歇斯底里吼叫的男人相处了三年后，如今对任何公开场合的争执、冲突，即便发生在别人身上，我只要看到或听到就会浑身难受、心慌、出虚汗。

这可能是创伤后应激障碍（PTSD）的表现，而2023年那场让我至今心有余悸的遭遇——被陌生人提刀威胁，迫使我下定决心必须直面并彻底解决这个心理症结。事件的细节我不方便多说，当时，是我的母亲拼着命挡在了我面前，我的父亲用很得体的话语化解了矛盾，最后有惊无险，我和我的父母都没有受到实际伤害。

我的母亲是个经历过大风大浪的女人，事后很快便不再介怀。但这件事对我的心理冲击非常大，我看到了一个在那种情况下既无能力又无智慧应对的自己，尤其当我想到自己已有了孩子时。我开始怀疑，我现在都没有能力保护我的母亲，将来又如何保护我的女儿？

正是因为这件事，我意识到，我人生新的“无人区”来了。这个“无人区”的命题叫作“面对无法避免的冲突时，应当如何保持冷静，并有智慧地化解”。

我是怎么攻克这个命题的呢？同大家分享一个笨方法，我给大家细细地拆解下，这个方法是我逛超市时无意间领悟到的。

有一次我偷懒，进超市前没有把手提袋寄存到柜子里，等我出来时，收银员问我：“能看下你手提袋里的东西吗？”我第一时间的反应是羞愧，然后瞬间恼羞成怒，回怼道：“你是在怀疑我偷你们的东西吗？”这时，身边的人都看向这里。我当时更是被羞耻的本能战胜了理性，只想快点离开这个地方。对方看袋子里没有东西，也就没有再说什么了。

事情虽然没有闹大，但我的内心已经演绎了各种回去跟对方撕破脸的可能性。我一直在想，她凭什么怀疑我？我长得很像偷东西的人吗？以后再去这个超市，她会不会还来找我的茬啊？别人会不会记住我，一直盯着我看呢？

过了几天后，当我再反思这件事时，我已经能冷静地意识到这其实是非常小的一件事，收银员询问我是她的工作，我确实做了会引人怀疑的行为，而我的应激反应也属于人类大脑“或战或逃”的正常反应。

通过这次超市的经历，我联想到自己最害怕的场景——“与人产生冲突”。虽然这件事性质没有那么恶劣，但本质上都是“冲突”，其具备以下三个要素：

1. 对方是陌生人；

2. 在你毫无准备的前提下；

3. 被无缘无故地找茬（这里的“无缘无故”是指被找茬者内心认为自己没有做错什么）。

于是，我想到了一个笨方法，即故意将自己置于这种“危险的环境中”，去熟悉这种陌生的体验。这是什么意思呢？

这跟人类在遇到危险时分泌肾上腺素产生“或战或逃”的状态有关系。人类之所以会分泌这种激素，是因为恐惧。那么，什么会让人恐惧呢？是未知。在面对熟悉的东西时，人类一般是不会产生这种激素的。

我在职场中克服向上沟通的紧张感，其中一个方法是把我将要汇报的内容准备到极致，主要是背诵，背诵到大脑不需要思考就能说出来的程度。对汇报的内容熟悉，再加上对汇报场景的熟悉，使得熟悉感越来越强，那么恐惧感与紧张感就会越来越弱。

我决定将该方法再一次套用到我去超市的场景中，具体是怎么做的呢？

后来我逛超市时，总是故意带着手提袋进去。大部分时候，售货员是不会检查的，这也让我放松了警惕。不过，机会还是被我等到了。有一次，收银员果然来“找我茬了”，这次的收银员不是上次的那一位，用的话术也不一样了。这个人很老练地说：“我帮您把东西放进您的袋子里吧（以此为理由打开我的袋子检查）。您的袋子里的零食在哪里买的？我们这里没有卖的吧？”虽然我早有心理准备了，但是这样变着方法地来检查我的东西，还是让我觉得不舒服。我还是回复了和上次一模一样的话——你是在怀疑我偷你们的东西吗？这个人笑眯眯地说：“没有，没有。”

事情就这样结束了。你们可能会说，这次也没什么进步嘛。至于进步与否，只有我自己知道。表面上我还是应激地回复了收银员，但我的内心活动已经没有那么多了。我几乎瞬时完成了情况判断——她是出于职责所在，我袋子里面确实装的是和超市里卖的零食很像的东西，并且周围的人也没怎么特别关注我。我之所以说和上次一模一样的话，是因为我必须说这句话才能打消她的疑虑，她要是真想查，我也不怕。

这次和上次最大的不同就是我没有过多羞耻的情绪了，而情绪一旦弱化，我的大脑就有空间进行理性思考了。

这时，可能会有读者说：“这次你已经有心理准备了，当然应对得会好一些。”

没错，但是你们忘了，我要的就是这个心理准备。我们对一个东西从陌生到熟悉，其实就是面对它时的心理状态的熟悉过程，而熟悉感本身就是一种心理状态。

因此，重点不是有所准备，而是我要通过这样的刻意练习，熟悉陌生人的突然出现，熟悉被陌生人找茬的感觉。

当然，这种程度还不够，毕竟这只是一种安全范围内的房间练习。但是，这种刻意练习就跟运动员在准备真正的比赛前进行无数次的“演习”一样。虽然对手是假的，但这也是无数次的真实模拟，远比毫无准备要好。无数次的模拟，不仅会锻炼肌肉的反应，还可以让你预判对手的出招。

以上就是我的笨方法。方法虽然笨，但真的有效。

面对“无人区”应当如何安全地走出去呢？大家可以从以下两个关键因素入手。

第一，精准定位你要解决的那个问题。说白了，就是别逃避，直面自己的弱点、痛点和难点。

第二，找到那个可以替代的“陌生场景”，先练起来。比如，我经常跟那些害怕面试的咨询者说：“你可以先从意向度不高的公司练手，你对那些公司不感兴趣，所以不会产生过高的期待，也就不会太在意是否被拒绝。先从这样的公司开始练手，等有了经验，再去投递意向度高的公司。”

逆天改命：重新定义动力

原始人因为缺乏储存能力，所以打猎结束后很快就会进入一无所有的阶段。在这个阶段，他们需要调动四种基本能力：动力（为什么做）、意志力（坚持做）、专注力（投入做）、执行力（立刻做），也可以理解为要经历四个阶段。

当人处于低谷时，同样需要经历这四个阶段。然而，因为正处于低谷，这四种能力都变得十分微弱，发挥不出作用。

当然，在第一阶段中，把动力替换为内驱力也是可以的。人的内驱力本质上也是由某一种“信念”推动的，也可以被视为外力。那些身处低谷的抑郁症患者，可能连最基本的求生欲望都没有，更不用说内驱力了。

科学杂志《自然》上的一篇论文揭示了学习动力的本质。在过去，人们通常认为奖励是学习的动机，因为奖励能引发多巴胺的释放。但研究人员通过精心设计的实验发现，小白鼠的大脑在没有奖励的情况下也能够一直自主学习。这一发现说明，人的大脑不需要外界激励也具备自主学习的动力，会自觉地从过去的经历中吸取经验。由此一个人们长期以来固化的共识被推翻了——动力往往来自外部的肯定、奖励和反馈。

因此，关于动力的结论是：大脑帮我们储备动力。我们要做的就是调度它。这时，我们需要使用一种具有工具性质的能力，叫作觉察能力。这是人逐步进化后所具备的一种更为高级的能力，原始人并不具备。例如，观察小孩子的成长过程，我们可以看到他们在生命之初只有动力（求生欲）、意志力（得不到吃的会一直哭）、执行力（不达目的不罢休）、专注力（玩就是玩、睡就是睡）。在这个阶段，小孩子无法觉察自己的痛苦或者快乐，觉察能力需要后天刻意练习。

接下来，我来谈谈觉察能力和动力的关系。

动力本就存在于大脑中，我们需要通过觉察能力将其唤醒。在这里，我们暂时不讨论极端情形，大部分人经历的更多是低谷、迷茫、抑郁状态。当陷入这种状态时，我们便可以通过刻意觉察来突破困局。

到了第二阶段，就需要用觉察能力来带动动力，再用意志力来维持觉察能力。但此时的专注力和执行力依旧很差。在这个阶段，意志力和专注力是相互排斥的，即你越调度专注力，意志力就会越弱。例如，在上学期间，让我坐在椅子上看书学习，对我来说就是一种煎熬，我的注意力很容易被各种事物所吸引，从而导致无法长时间做一件事。如果我想要重新集中注意力，就需要调用意志力和觉察能力，觉察到此时此刻我应该学习了，并要用意志力让自己坐在椅子上不要动。我专注的时间越长，意志力消耗得也就越多。很快我就会进入下一个“觉察—专注—意志力消耗”的循环。

当我们处于低谷时，脑内的微弱动力可能是“我对过去的自己非常不满意，但是又没有明确的改进方向，不知道自己能做什么，对现状感到无比迷茫”，或者是“通过复盘过去、学习、读书和健身来寻求突破，但很容易被外界因素打扰或诱惑，导致状态时好时坏，没有办法沉淀自己的价值”。这里最大的问题是动力的不可持续性。

那么，我是如何解决这个问题的呢？我在最痛苦的阶段没有办法跟父母好好沟通，他们的劝说在我听来很刺耳，我很容易愤怒，进而与他们吵架。这种状态让我很自责，可是那时的我没办法控制自己。我采取了最笨的一个办法——暗示，把手机屏幕改成“永远不要惹父母生气”，每天看，经常看。每次有愤怒情绪产生时，我就会用这种方法来进行觉察。

刚开始使用觉察力时，是很痛苦的，这个过程可以拆分为三个步骤——提取、意识、止损。

提取，即提取脑内的记忆。这跟我们需要记住一个单词、一个概念或一首诗是同样的道理。第一次记忆是瞬时记忆，很快便会忘记，怎么办？你需要通过两个步骤将这个瞬时记忆变成永久记忆：一是给自己计划下一次复习的时间；二是用具体的场景来应用它，高频次地应用，直到这个词变成潜意识，无须刻意回想也能轻松调用。其中，计划下一次的复习时间并刻意找寻场景来应用，就是提取记忆的动作。

当我们想要改变一个坏习惯或培养一个好习惯时，也是同样的道理。你下定决心要去健身房，但去了两次就再也不去了。这是为什么呢？因为你没有刻意提取自己为什么要去健身房的记忆。你去健身房可能是为了减肥，也可能是为了恢复身体机能。在你还没形成习惯之前，你必须在脑内反复模拟去健身房的动力场景，比如瘦身后身体轻盈健康的样子。这个脑内模拟的过程就是提取记忆的过程。下一步是主动意识到自己需要动起来了，自己已经两天没有去健身房了。但这时大部分人还是没有去，为什么呢？因为总是“明日复明日”，能拖延一天是一天。这不仅是缺乏动力，还是拖延惯性所带来的后果。那下一步就是最关键的一步——使用“止损”思维。这个我在前面章节讲过，这里提一下要点：再没有比当下、立刻、马上去做更合适的时机了。你越往后拖延，内耗的时间就越长，需要消耗的意志力就越多。因此，此刻行动，就是付出代价最小的选择。

到这里，“提取—意识—止损”这个觉察的过程便结束了。

你可以将动力或者关键动作写成短句，设置为手机壁纸。这样做既能让你更便捷地调取目标信息，又能通过高频视觉刺激让你对这件事不再抗拒。这在心理学上叫作频率偏差（Frequency Bias）。这种频率偏差可能导致我们对该想法、概念或事物的过度估计。还有一种相关心理现象叫作曝光效应（Exposure Effect），即当我们反复接触到某个事物时，我们会逐渐对它产生好感。所以，当某个事物频繁出现时，我们可能会对它逐渐产生好感，并认为它比实际上更吸引人。

在第二阶段，觉察能力和意志力依旧占据上风。再往下发展，通过对觉察能力的刻意练习，将动力激活一部分后，专注力和执行力也提升了一些，到了第三阶段，我们的觉察能力进入了一个正常水平。此时，觉察能力慢慢地变成了一种习惯，提取脑内动力也不需要消耗太多的意志力。此时，做一件事的专注力水平提高了，意志力也处于一个相对稳定的水平。但这个阶段我们还是主要依托于觉察能力的带动。你可以理解为，第二阶段和第三阶段是成为高手前的一个量变过程。

终于，在第四阶段——高手阶段，你会有四个发现。

1. 所有能力都处于一个高水平状态。

2. 意志力、动力和觉察能力进入了一个高水平且稳定的状态。

3. 在这三个能力稳定的基础上，执行力、专注力进入了高速发展的阶段。

4. 新增了两种能力，分别是钝感力和心力，且这两种能力一直处于高水平状态。

我们可以观察顶级运动员。他们在前三个阶段通过大量的刻意练习，将围绕着核心能力的所有能力全部习得，且这些能力变成了“肌肉记忆”。在发力时，他们无须消耗脑力去刻意回忆哪块肌肉要发力，也无须思考为什么要做这个动作。当他们做核心动作时，所有相关动作自然就做对了。于是，他们很快便会进入专注阶段，即心流状态。

在这种状态下，执行力本身既是开始也是过程，更是结果，也就是“Just do it”，行动本身已经是最容易做到的事情了。钝感力也由此而生，例如在比赛现场，环境吵闹至极，当顶级运动员专注于目标，沉浸在比赛中时，他们不会在意“谁在关注我”“我的动作是否很丑”等问题。甚至，平常私下训练很难取得绝佳成绩的运动员在比赛时也能够超水平发挥、打破纪录，这是为什么呢?

因为创造力是在调度所有基本能力并熟练掌握所有能力后的结果。最后，总结如下。

1. 动力原本就在大脑中，是人类的本能。

2. 觉察能力是激活动力的因素。

3. 意志力与专注力相互排斥，在经过刻意练习后，无须调用便能自然处于最佳状态，即达到“心流”状态。

4. 钝感力是专注于一件事的结果。

5. 创造力是调动所有能力并熟练掌握所有能力后的结果。

看上去执行力是动力的结果，但是如果我们什么能力都没有，执行力这一单一能力也可以成为“魔法”。很多时候，我们只是欠自己一个开始。你会发现那些最终把事情做成的人，都是“不过度思考，just do it”的人。

在我做自媒体的这一年，我完成了从人生废墟中的自我救赎，如今，我能兼顾创作、拍摄、咨询与带娃，甚至在写这本书的同时还能处理一堆人生琐事。这一切的根基，是行动。当然，能明白这个道理也源于我的觉察能力。

尾　声

四条宝藏心法

降低预期，全力以赴

亲爱的朋友，感谢你看到这里，我想送你四条陪伴我走出低谷的宝藏心法。

第一条：我是我人生的主宰，我能创造我想要的一切。正因为我有能力跨越，这个考验才会降临。

我常常将生命中突然出现的苦难比作一个“无人区”。在成长的过程中，每个人都会遇到这样的“无人区”。在“无人区”里，没有人指导你，没有人引领你，也没有人支援你，你必须靠自己找到出路。走得出来，你就是高手。第一次面对“无人区”是我们成长的必然阶段，而我们往往毫无准备。但随着时间的推移，我们是可以作出选择的。我们在轻松（躺平）和艰难（卷）之间，选择了艰难。当然，这种“无人区”可能不止出现一次，但高手会借此不断地修炼自己。

成长就是从依赖他人的“巨婴”转变为独立担责的成年人的过程。

第二条：要意识到我是自由的，我随时可以停下，我可以选择离开。

考研未上岸、考公未上岸、工作未定、35岁还一事无成……为什么别人能成功，而我总是没有好消息？其实，没有那么多为什么，每个人都有自己的节奏。人是流动的，你是自由的。你可以按下追逐的暂停键，停下来问问自己："你想要什么？你想过什么样的人生？"想不清楚也没关系，这个问题不一定有标准答案，甚至可以没有答案。就像我，也是在35岁才迷迷糊糊地找到了自己想做的事情。真正的关键在于，基于第一条心法，你是你人生的主宰，只要你所作的决定和选择不是出于逃避的目的，而是在直面问题，那么任何决定都是好的，不作决定也是可以的。

第三条：没有比现在更好的时刻了。想做什么，就去做！别等，就是现在！过去的你，早已不是现在的你；未来的你，更不是你幻想的样子，只有现在的你才是真实的。你可以重新认识自己，重新塑造自己。未来是由你现在所作出的选择而建立的。要想改变，没有比现在更好的时刻了。

最后一条，我的终极行动心法，只有八个字——降低预期，全力以赴。别对环境抱有期待，别对他人的支援和帮助抱有期待，也别对结果抱有期待。因为这些你都控制不了，你只能控制你自己，只能改变你自己。你只管降低预期，然后全力以赴。

扫码联系作者丨可获得书中配套课程

给出破局之道，觉知你的无限潜能！